草莓高效栽培

彩色图解

主　编　路　河
副主编　王娅亚　金艳杰　周明源　杨明宇
参　编　陈卫文　肖书伶　李　邵　高　丽
　　　　田炜玮　王尚君　张卫东　冯宝军
　　　　郑　禾　黄　健　王振雨　刘　峰
　　　　陈宗玲　胡　博　李明博　刘瑞梅
　　　　路一明　郭兆凯　杨文雄　王　浩
　　　　李凤菊　田振华　李玉勇　刘红梅
　　　　宋晓月　唐子乔

我国的草莓产业发展迅速，已成为许多地区的支柱产业，生产优质的草莓是农户和市场的迫切需要。本书将草莓栽培设施、草莓栽培模式、促成栽培草莓品种、土壤处理、草莓栽培技术、草莓种苗繁育、病虫害防治、灾害性天气管理、轮作和套作等草莓生产过程中的各个环节，用1400多幅实际生产图片进行介绍，注重系统性，图文并茂，更加通俗易懂，科学实用，技术先进。

本书适合广大草莓种植者及相关技术人员使用，也可供农林院校相关专业的师生阅读参考。

图书在版编目（CIP）数据

草莓高效栽培彩色图解/路河主编.—北京：机械工业出版社，2023.6

ISBN 978-7-111-72969-3

Ⅰ．①草… Ⅱ．①路… Ⅲ．①草莓 – 果树园艺 – 图解 Ⅳ．①S668.4-64

中国国家版本馆CIP数据核字（2023）第060727号

机械工业出版社（北京市百万庄大街22号　邮政编码100037）
策划编辑：高　伟　　　　　责任编辑：高　伟
责任校对：韩佳欣　邵鹤丽　　责任印制：张　博
保定市中画美凯印刷有限公司印刷
2023年6月第1版第1次印刷
145mm×210mm·10.25印张·2插页·293千字
标准书号：ISBN 978-7-111-72969-3
定价：88.00元

电话服务　　　　　　　　　网络服务
客服电话：010-88361066　　机　工　官　网：www.cmpbook.com
　　　　　010-88379833　　机　工　官　博：weibo.com/cmp1952
　　　　　010-68326294　　金　书　网：www.golden-book.com
封底无防伪标均为盗版　机工教育服务网：www.cmpedu.com

Preface 前 言

草莓是世界公认的营养保健型草本高档水果，营养丰富，富含氨基酸、单糖、柠檬酸、苹果酸、果胶、多种维生素及矿物质，如钙、镁、磷、铁等，对人体生长发育具有很好的促进作用。同时，草莓还具有很高的药用价值。医学认为它具有清热解毒、生津止渴、润喉益肺、健脾和胃及补血益气的功效。据统计资料表明，2018年全世界草莓种植面积达37万公顷，产量达834万吨。我国是世界草莓生产第一大国，其次是美国、墨西哥。

冬季是北方水果生产的淡季，在这个万木萧条的季节，温暖的日光温室中却春意盎然。草莓果实鲜亮红艳，叶色翠绿，果香宜人，使人流连忘返，即使是60~160元/千克的采摘价格仍供不应求，折射出草莓在观光农业中的地位和产业发展前景。

随着农产品结构调整和农业科技水平不断提高，设施草莓栽培面积呈逐年迅速增加的趋势。种植设施草莓也成为农民增收的主要途径之一，其经济效益显著高于蔬菜作物。在草莓栽培的各个环节中，每个环节做得好与坏都对草莓生产有着很大的影响，但只是文字式的介绍有时很难让种植户一下子理解，更别说明白每个操作的标准和做后的效果等。为满足广大草莓种植户的要求，编者根据多年的生产实践经验，以图文并茂的形式展示草莓栽培过程，从设施、种苗、栽培、植保、采收等方面编写本书。书中的图片都来自生产一线，也许图片的精美度不足，但可以直观反映草莓生产现状。需要特别说明的是，本书中图片上出现的药剂、肥料、设施等仅反映当时的草莓生产现场情况；另外，对本书所用药剂，一定要根据自己的实际情况来决定是否选用，区分药剂的商品名称和有效成分，使用前要仔细阅读使用说明书，以确认用量、使用方法及禁忌等。

　　本书是编者根据生产实践经验编写而成的，侧重我国北方地区的气候变化和栽培方式，书中难免会有不当之处，恳请大家批评指正。同时，本书在编写过程中借鉴参考了大量现有的文献资料及专家同行的研究成果，在此一并表示崇高敬意和真诚的感谢。

编　者

Contents 目 录

前言

01
第一章
草莓栽培设施 / 1
    第一节　日光温室 / 2
    第二节　连栋温室 / 10
    第三节　塑料大棚 / 13

02
第二章
草莓栽培模式 / 14
    第一节　土壤栽培 / 15
    第二节　基质栽培 / 16
    第三节　半基质栽培 / 32
    第四节　水培 / 36

03
第三章
促成栽培草莓品种 / 37
    第一节　日韩系品种 / 38
    第二节　欧系品种 / 42
    第三节　中国品种 / 45

04
第四章
土壤处理 / 57
    第一节　土壤改良 / 58
    第二节　填闲作物 / 59
    第三节　土壤消毒 / 60
        一、物理消毒 / 61
        二、化学消毒 / 65

三、生物消毒 / 66
第四节　其他栽培模式消毒 / 67
一、高架基质栽培模式消毒 / 67
二、半基质栽培模式消毒 / 69
第五节　整地施肥 / 72
一、基肥选择 / 72
二、撒施基肥进行旋耕 / 75
三、做畦 / 76

第五章
草莓栽培技术 / 80
第一节　定植前准备 / 81
一、配套设施安装 / 81
二、种苗运输与储存 / 84
三、种苗处理 / 88
第二节　定植 / 94
一、定植常识 / 95
二、草莓定植 / 98
三、定植时应该注意的几个问题 / 102
第三节　缓苗期管理 / 106
一、水分管理 / 106
二、光照管理 / 108
三、缓苗期出现的问题 / 111
第四节　苗期管理 / 115
一、水肥管理 / 115
二、中耕除草 / 116

三、植株整理 / 118
四、苗期常见问题及解决措施 / 122
五、补苗 / 123
六、控苗 / 125
七、开沟施肥 / 125
八、保温设施——安装棚膜和保温被 / 125
九、覆盖地膜 / 141
第五节　现蕾期管理 / 148
一、温度管理 / 148
二、水肥管理 / 149
三、植株整理 / 150
四、植保管理 / 151
第六节　花期管理 / 151
一、温度管理 / 153
二、水肥管理 / 154
三、植株整理 / 155
四、花期授粉 / 156
五、植保管理 / 158
第七节　果实管理 / 159
一、幼果期管理 / 159
二、膨果期管理 / 165
三、转色期管理 / 171
四、成熟期管理 / 171
五、换茬期管理 / 187
六、果实生产后期管理 / 189
第八节　果实包装和深加工 / 197
一、果实采收标准和包装 / 197
二、果实深加工 / 201

06

第六章
草莓种苗繁育 / 203

第一节　种苗繁育方法 / 204
　　一、草莓的组织培养繁殖法 / 205
　　二、草莓的扦插繁殖法 / 206
　　三、草莓的匍匐茎繁殖法 / 207

第二节　露地育苗 / 208
　　一、常见露地育苗畦 / 208
　　二、露地育苗方式 / 209
　　三、露地育苗流程 / 210
　　四、露地育苗应注意的
　　　　几个问题 / 214

第三节　避雨育苗 / 219
　　一、避雨土壤育苗流程 / 220
　　二、避雨基质槽育苗流程 / 223
　　三、育苗期温度和湿度管理 / 227
　　四、育苗期光照管理 / 228
　　五、水分田间管理 / 230
　　六、其他育苗方式 / 230

第四节　避雨高架育苗 / 232
　　一、栽培设施材料 / 232
　　二、避雨高架育苗流程 / 234
　　三、A形多层育苗 / 239

第五节　高海拔育苗 / 239

第六节　扦插育苗 / 241

07

第七章
病虫害防治 / 244

第一节　侵染性病害 / 245
　　一、青枯病 / 245
　　二、草莓病毒病 / 245
　　三、炭疽病 / 246
　　四、灰霉病 / 248
　　五、白粉病 / 251
　　六、红中柱根腐病 / 254
　　七、芽枯病 / 257
　　八、草莓根结线虫 / 257
　　九、蛇眼病 / 258
　　十、紫斑病 / 259

第二节　生理性病害 / 260
　　一、缺钙症 / 260
　　二、缺铁症 / 262
　　三、缺硼症 / 264
　　四、缺镁症 / 265
　　五、缺钾症 / 266
　　六、低温冻伤 / 267
　　七、药害 / 269
　　八、肥害 / 271
　　九、土壤次生盐渍化 / 273
　　十、缺水 / 274
　　十一、高温日灼 / 275
　　十二、沤根 / 277

十三、畸形果 / 277

第三节 虫害 / 279

　　一、红白蜘蛛 / 279

　　二、蚜虫 / 282

　　三、蓟马 / 285

　　四、斜纹夜蛾 / 288

　　五、蜗牛 / 289

　　六、蛞蝓 / 290

　　七、菜青虫 / 290

　　八、金针虫 / 291

　　九、粉虱 / 292

第四节 草害 / 293

第五节 绿色防控 / 294

　　一、绿色防控概念 / 294

　　二、草莓栽培过程中的
　　　　绿色防控 / 295

08

第八章
灾害性天气管理 / 302

　第一节 连续阴霾天气管理 / 303

　　一、温度和湿度管理 / 304

　　二、光照管理 / 304

　　三、水肥管理 / 305

　　四、植保管理 / 305

第二节 极寒天气管理 / 305

第三节 雪天管理 / 309

　　一、小雪天管理 / 310

　　二、大雪天管理 / 311

09

第九章
轮作和套作 / 314

　　一、轮作 / 315

　　二、套作 / 316

附录
设施草莓栽培水肥
管理制度 / 319

参考文献 / 320

第一章
草莓栽培设施

01

在草莓生产上，常见的园艺栽培设施类型有：日光温室、连栋温室、塑料大棚。我国设施农业发展迅速，截至2018年，全国温室总面积为1894215.86公顷。其中，日光温室面积为577455.69公顷，占总面积的30.5%；连栋温室面积为54338.46公顷，占总面积的2.9%；塑料大棚面积为1262421.71公顷，占总面积的66.6%。日光温室和塑料大棚结构不断创新、草莓设施产业化水平不断提高，使得设施草莓产业持续发展，保证了新鲜草莓的周年供应，缩小了淡旺季价格的波动，促进了农民增收，助推了休闲农业和乡村旅游。

第一节　日光温室

日光温室是一种充分利用太阳能作为主要光能源和热能源，主要用于农作物栽培的农业设施。

日光温室由前屋面、后屋面、骨架、后墙和东、西山墙组成。其南侧前屋面白天为采集、透入日光能源屋面，夜间需要覆盖保温覆盖物；北侧后屋面为保温屋面；后墙及东、西山墙为保温蓄能围护墙体。所以，日光温室主要靠阳光通过前屋面进入室内来维持室内温度，并满足草莓对光照的需要，夜间严密保温来维持草莓所需要的温度。由于日光温室主要利用太阳光，因此在冬季连阴天数较多的地区和年份生产风险较大；此外，日光温室的保温能力也有一定的局限性，冬季严寒的地区和年份，应辅以一定的临时加热措施。

1. 类型

目前草莓栽培所用日光温室的类型，主要有竹木结构日光温室（图1-1）和钢架结构日光温室（图1-2），其中以钢架结构日光温室应用最为广泛。

2. 钢架结构日光温室概况

钢架结构日光温室主要由前屋面、后屋面、后墙和东、西山墙组成。为了方便操作，一般在温室旁建造一个小型工作间，便于存放生产工具（图1-3、图1-4）。

钢架结构日光温室各结构组成见图1-5。后墙设有小窗（通风窗），建议向外开而不使用推拉式窗，但面积太小会影响通风效果。

图 1-1　竹木结构日光温室

图 1-2　钢架结构日光温室

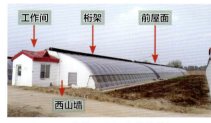

图 1-3　单栋日光温室整体前视图

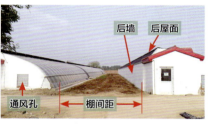

图 1-4　两栋日光温室整体前视图

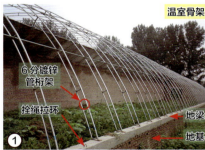

图 1-5　钢架结构日光温室各结构组成图

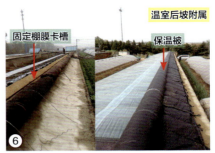
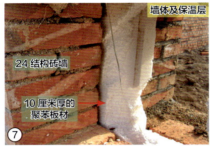

图1-5　钢架结构日光温室各结构组成图（续）

后坡板可以采用石膏板、聚苯板材、竹胶板等材料（图1-6）。为了增强保温性，板材表面用炉渣覆盖后，用水泥抹平（图1-7）。

3. 钢架结构日光温室的建造

（1）温室建造要求

1）场地要求。日光温室场地（图1-8）应光照充足，土壤肥沃，地下水位低，避开附近高大树木、建筑物、风道，水电齐全且交通便利。

2）温室方位角要求。日光温室在冬季主要以太阳光为能源来增加温室内温度。因此，温室应坐北朝南、东西延长，可根据所处的温度和气候条件，采用南偏东或南偏西方位（图1-9），可以偏东5~10度，也可以偏西5~10度。对于冬季严寒、早晨雾多雾大的地区以偏西为好。

3）后屋面仰角和长度要求。后屋面仰角应略大于冬至午时的太阳高度角，在秋、冬、春季不会因为后屋面仰角小而遮阴太多，一般以38~45度为宜。后屋面的长度也是影响保温的重要参数，在设计长度时要以后屋面的垂直投影占温室跨度的1/4~1/5为宜（图1-10）。

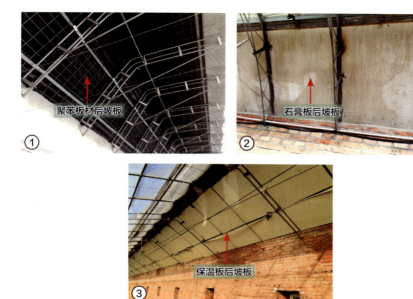

图 1-6 不同类型后坡板

图 1-7 后坡板用炉渣覆盖后，再用水泥抹平，以增强保温性

图 1-8 日光温室场地

4）温室间距要求。依据温室脊高及保温材料的最高点高度，以冬至日太阳辐射角进行计算，确定温室的间距。本着互不遮阴、充分利用土地资源的原则，两个相邻温室之间的间距一般为脊高的2~2.5倍。北京地区温室间距一般为 8 米（图 1-11），温室间距小，会造成相互遮阴（图 1-12）。

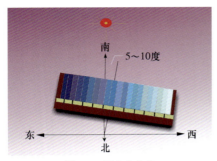

图 1-9　温室方位角

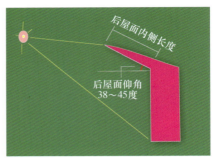

图 1-10　后屋面仰角和长度

图 1-11　前后排温室间距适当

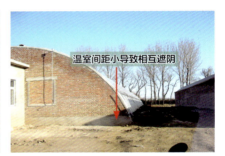

图 1-12　前后排温室间距小

（2）具体建造过程　日光温室的具体建造过程参见图 1-13。

图 1-13　日光温室建造过程

图 1-13 日光温室建造过程（续）

（3）配套设施　日光温室的配套设施参见图 1-14。

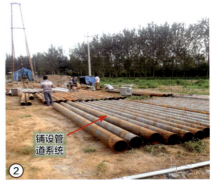

图 1-14　日光温室配套设施

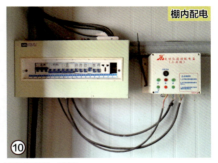

图 1-14　日光温室配套设施（续）

【提示】研究认为，日光温室的跨度以 6~8 米为宜，北纬 40~41 度以北地区以 6~7 米为宜，北纬 40 度以南地区以 7~8 米为宜，跨度过大不利于保温，跨度过小则土地利用率低。日光温室的建造长度控制在 50~80 米为宜。

【示例】北京市昌平区的新型日光温室，一般采用全钢架结构，是根据本地区地理、气候等条件制作的。标准温室长 50 米、脊高 3.4 米、跨度为 8 米（图 1-15）。

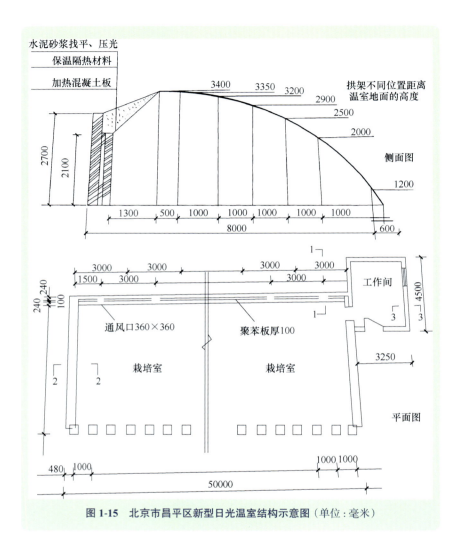

图 1-15 北京市昌平区新型日光温室结构示意图（单位：毫米）

第二节 连栋温室

连栋温室是将现有的独立单间模式温室连起来，其土地利用率高、操作更科学、效率更高，而且结构标准、美观大方，可以配备各种配套系统，应用非常广泛。连栋温室根据覆盖材料的不同可分为以下 3 种类型：连栋玻璃温室、连栋阳光板温室和连栋塑料薄膜温室，其中连栋玻璃温室应用最为广泛。

1. 连栋玻璃温室

连栋玻璃温室（图 1-16）以玻璃作为采光材料，采用热镀锌钢制骨架、人字形屋脊。覆盖材料为国产 4 或 5 毫米厚单层浮法玻璃或双层中空玻璃（其中单层浮法玻璃覆盖温室透光率大于 90%，双层中空玻璃覆盖透光率大于 80%）。双层中空玻璃防集露性强、保温效果好，更适用于北方地区。连栋玻璃温室透光性好、展示效果佳、使用寿命长，适合广大地区。

2. 连栋阳光板温室

连栋阳光板温室（图 1-17）的覆盖材料是聚碳酸酯中空板（PC 板，又叫阳光板），该板的向阳面具有防紫外线涂层，内面具有防露滴涂层，防流滴、抗老化，对草莓有更好的保护作用。连栋阳光板温室透光度好、热传导系数低、板材分量轻、寿命长、拉伸强度大，通

图 1-16　连栋玻璃温室结构

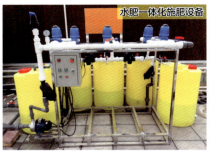

图 1-16　连栋玻璃温室结构（续）

过简单的钢骨结构就能满足抗风、抗雪的要求。并且，用 PC 板替代了玻璃，性价比更高。

3. 连栋塑料薄膜温室

连栋塑料薄膜温室（图 1-18）的覆盖材料采用塑料薄膜（顶部多采用进口无滴膜、四周多采用进口长寿膜），主体结构采用热镀锌管材。其内部空间大，风、雪载荷较高，光遮挡较少，同时具有吊挂功能，由于采用轻质的专业农用塑料薄膜作为覆盖材料，建造成本相对较低。适合一般的大面积、专业型农业生产。

图 1-17　连栋阳光板温室　　　　　图 1-18　连栋塑料薄膜温室

第三节　塑料大棚

用于草莓栽培的塑料大棚（图1-19）是指无照明、无加温设备的普通塑料大棚。利用塑料大棚进行草莓保护地栽培，由于棚架较高、跨度大、操作方便、热容量大，可以采取多层覆盖，因此，升温保温效果好，一般可使果实比露地栽培提前上市2个月左右。目前，生产上常用的塑料大棚为管式组装塑料大棚，其安装便捷，棚体坚固，使用年限长，棚内空间大。

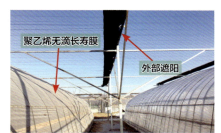
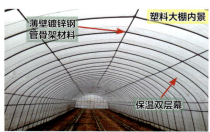
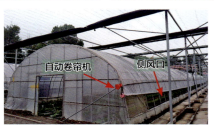

图1-19　塑料大棚各个结构组成

【提示】用于草莓保护地生产的塑料大棚东西延长或者南北延长均可。一般来说，以春、秋季生产为主的草莓保护地，适合采用南北延长的大棚；而以冬季生产为主的草莓保护地，适合采用东西延长的大棚。

第二章
草莓栽培模式

02

我国是世界草莓生产第一大国,在温室设施面积不断增加的同时,草莓的栽培模式也不断多样化。按照介质类型可分为传统的土壤栽培、无土栽培,以及新型的半基质栽培,其中无土栽培又包括基质栽培、水培等。

第一节　土壤栽培

土壤栽培是目前草莓日光温室促成栽培中最常见的栽培模式,造价便宜、便于管理、适用范围广,也是种植户首选的栽培形式。北京草莓日光温室土壤栽培通常采用南北向高畦的栽培模式。随着对栽培模式的不断探索,还创新出东西向高畦的新型栽培模式。

1. 南北向高畦

利用南北向高畦栽培草莓,可以增加畦面的日照面积,使草莓受光比较均匀,有效提高土壤温度,促进草莓根系的生长(图2-1)。但农事操作和采摘时,需经常来回移动位置,费时费力。

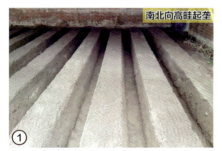

图2-1　南北向高畦

2. 东西向高畦

东西向高畦使草莓的劈叶、打杈、采收等农事操作更方便、更省力,观光效果好,具有果实成熟期提前、产量高、品质好、果实不断茬的优点。但是,目前起垄做畦基本为人工操作,操作难度大,实际应用受到限制(图2-2)。

图2-2　东西向高畦

【提示】 在草莓苗南侧铺设白色垫子,用育苗卡子固定,可保持果实干净且不伤果。

第二节 基质栽培

传统的土壤栽培随着种植年限的增长,土壤中大量营养元素富集,土壤次生盐渍化严重,土壤连作障碍突出。无土栽培改变了草莓传统的栽培方式,具有减轻连作障碍、产品无污染、节水节肥、病虫害少,高产高效诸多优点。无土栽培根据根系的固定方法来区分,可分为基质栽培和无基质栽培两大类。基质栽培是以草炭或森林腐殖土、蛭石等轻质材料作为栽培基质来固定根系,通过根系吸收基质中的养分来保证草莓生长发育,该种方式在草莓无土栽培中应用范围最广。无基质栽培,即草莓定植后不用基质,常见的是水培。

1. 常用的栽培基质

栽培基质可以分为无机基质、有机基质及混合基质(无机+有机)。无机基质包括蛭石、珍珠岩、岩棉等(图2-3);有机基质包括草炭、稻壳、锯末等(图2-4)。目前在草莓实际生产中,基质栽培常用的基质有草炭、蛭石、珍珠岩、椰糠、蘑菇渣等。各种基质的组成及特点见表2-1。

表2-1 各种基质的组成及特点

类型	组成	优点	缺点
无机基质	石砾、细沙、陶粒、珍珠岩、岩棉、蛭石等	化学性质比较稳定,通常含有较低的阳离子交换量	没有营养成分,需要持续补给草莓生长所需的营养
有机基质	堆肥、草炭、锯末、椰糠、炭化稻壳、腐化秸秆、棉籽壳、芦苇末、树皮等	含有一定的营养成分,材料间能形成较大的空隙,从而保持混合物的疏松及容重	各批次间品质差异大,有机成分的分解、吸收、代谢机理尚未明确,影响了自动化控制技术的应用
混合基质	草炭和蛭石、草炭和珍珠岩、有机肥及农作物废弃物混合等	可以根据实际需要,灵活配置基质	由两种或两种以上基质混合配制而成的,比例不同则性质差异较大,有一定应用难度

第二章 草莓栽培模式

图 2-3 常见的无机基质

图 2-4 常见的有机基质

秸秆

棉籽壳

图 2-4　常见的有机基质（续）

（1）草炭　草炭（图 2-5）又叫泥炭，是各种植物残体在水分过多、通气不良、气温较低条件下，未能充分分解，经过上千年腐殖化后形成的一种不易分解、性质稳定的堆积成层的有机物。草莓生产上，要求草炭绒长不低于 0.3 厘米。草炭含水量为 60%~80%，在水分含量低时，还

绒长不低于 0.3 厘米

图 2-5　草炭

可从空气中吸收 20% 水分，在农业利用中，可改善保水性；有机质含量为 30%~90%，腐殖酸含量为 10%~30%，高者可达 70% 以上，灰分含量为 10%~70%；含有 22 种氨基酸、丰富的蛋白质和腐殖酸态氮，磷、钾含量较多，还有钙、镁、硅及其他多种微量元素。但草炭属于不可再生资源，现在椰糠渐渐成为生产上代替草炭使用的新型园艺栽培基质。

（2）蛭石　蛭石（图 2-6）是一种天然、无毒的黏土矿物，由云母风化或蚀变而形成。蛭石是硅酸盐，层间存在大量的阳离子和水分子。蛭石为褐黄色至褐色，有时带绿色色调，为土状光泽、珍珠光泽或油脂光泽，不透明。园艺用蛭石常规规格有 2 种：直径为 1~3 毫米（用于育苗）和 3~5 毫米（用于无土栽培等）。

蛭石具有良好的阳离子交换性和吸附性，可改善土壤结构，储水保墒，使酸性土壤变为中性土壤；起到缓冲作用，防止 pH 迅速变化，使肥料缓慢释放；向草莓提供钾、镁、钙、铁及微量元素锰、

 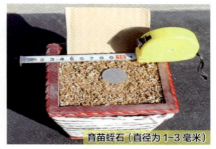

育苗蛭石（直径为1~3毫米）

无土栽培蛭石（直径为3~5毫米）

图 2-6　蛭石

铜、锌等；综上所述，蛭石具有保肥、保水、储水、透气和含矿物肥料等多重作用。

（3）珍珠岩　园艺珍珠岩（图 2-7）是珍珠岩矿砂经预热，瞬时高温焙烧膨胀后制成的一种内部为蜂窝状结构的白色颗粒状材料。无毒无味、不腐不燃、耐酸碱，pH 呈中性，含水量为 2%~6%，吸水性可达自身重量的 2~3 倍；具有良好的透水透气性，可以有效降低土壤黏性和密度，增加土壤透气性，提高栽培效果。

图 2-7　珍珠岩

（4）**椰糠** 园艺椰糠（图2-8）是由椰子外壳加工而形成的天然种植材料，是目前比较流行的育苗、种植基质，适合蔬菜、花卉、水果的基质栽培。

图2-8 椰糠

椰糠pH为5.0~6.8，碳氮比约为80∶1。有机质含量为940~980克/千克，有机碳含量为450~500克/千克，保水透气性好，结构稳定，不含化学物质或虫卵，性价比高，环境友好，可循环使用5年以上。

椰糠可以单独作为基质，也可和草炭、珍珠岩等其他基质混合加工成椰糠块。椰糠是水藓草炭的理想替代物，可应用于农田、园艺、景观、育苗、蘑菇生产等。但目前在生产上，对椰糠脱盐没有明确的标准，其盐分含量差异很大，限制了其推广应用。

（5）**蘑菇渣** 蘑菇渣基质（图2-9）是由蘑菇菌棒经过发酵或高温处理后，形成的相对稳定并具有缓冲作用的全营养栽培基质原料。蘑菇渣疏松多孔，含有粗蛋白质、粗脂肪和无氮浸出物，以及钙、磷、钾等矿物质元素，可替代草炭。但因为持水量少、pH和电导率偏高，加之还没有明确脱盐标准，限制了其发展。

图2-9 蘑菇渣

【提示】蘑菇渣基质的生产过程：破袋以后将蘑菇渣粉碎、过筛，制成长度为0.5~1厘米的细碎蘑菇渣；经过高温发酵，调整其pH，使其适合植物生长，经过晾晒以后形成蘑菇渣基质。

(6) 生态基质　近年来，为响应政府号召，保障清洁空气、和谐宜居的生态环境，杜绝露天焚烧，可粉碎田间废弃物，经过高温发酵，调整其 pH，制成适合植物生长的生态基质（图 2-10）。

图 2-10　生态基质的制备过程

图2-10 生态基质的制备过程（续）

（7）草莓生产常用栽培基质比例　在草莓基质栽培中，常用的是混合基质，按照草炭∶蛭石∶珍珠岩为2∶1∶1的比例制成（图2-11）。草炭绒长要求不低于0.3厘米，蛭石粒径要求不低于0.1厘米，珍珠岩粒径要求不低于0.3厘米。

图2-11 混合基质

2. 基质栽培模式

草莓基质栽培模式主要有两种，按照高度分为地面基质栽培（图2-12）和立体基质栽培。其中，立体基质栽培应用较广且方式多种多样，根据栽培方式又可分为H形、A形、后墙管道式、可调节式、柱式等。

图2-12　地面基质栽培

（1）H形基质栽培模式　采用钢管作为栽培槽水平支撑杆，每隔一定距离在水平支撑杆两侧用方钢做垂直支撑杆，两侧垂直杆间用钢片连接固定，其侧面结构图似英文大写字母"H"。由立柱支架、栽培槽和排水槽组成，按照栽培槽层数区分常见的有：单层H形、双层H形、三层H形及欧式栽培架等（图2-13）。其中单层H形应用最为广泛。

该架式材料简单，经久耐用，利于采摘，观光采摘体验比较好。架间基本无遮光问题，透水、透气、透光性好，不容易感染病虫害，且更利于人工管理、采摘，省工省时。

单层H形高架基质栽培安装技术规程一般包括以下过程：绘制模式示意图（图2-14）、平整土地、铺设园艺地布、安装栽培槽、安装灌溉及排水设施、填装基质等（图2-15）。

图2-13　H形基质栽培

图 2-13　H 形基质栽培（续）

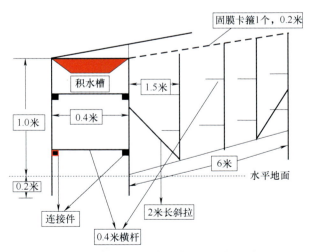

图 2-14　草莓单层 H 形高架基质栽培模式示意图

第二章 草莓栽培模式 25

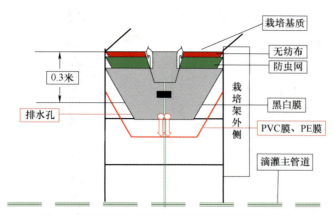

图 2-14 草莓单层 H 形高架基质栽培模式示意图（续）

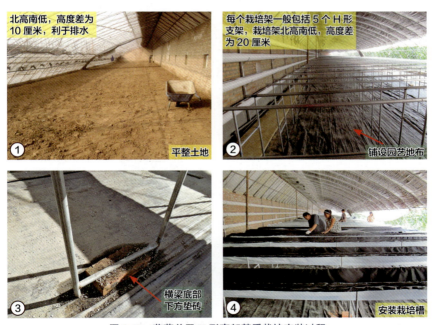

图 2-15 草莓单层 H 形高架基质栽培安装过程

图 2-15　草莓单层 H 形高架基质栽培安装过程（续）

栽培槽从里到外依次为无纺布、防虫网、黑白膜（图 2-16），将这些材料做成深 30 厘米、内径宽 35~40 厘米的凹槽，最外层可用 PVC（聚氯乙烯）膜、PE（聚乙烯）膜进行包裹，形成一个密闭的排水系统，既保温，又可使废液流走，减少水分蒸发，降低湿度。规格要求：黑白膜规格为厚 10~12 丝、无纺布规格为 80~120 克/米^2、防虫网规格为 80~120 克/米^2。裁剪无纺布、防虫网、黑白膜时，可以统一按照宽度为 80 厘米进行；PVC 膜、PE 膜可按照宽度为 100 厘米裁剪。各种膜材料的长度尽可能比栽培架多出1米，并且尽可能为一块整膜。

混合基质时，为了增加紧实度和保水保肥性，可适当加入细沙，每立方米基质加入0.2米^{3}细沙。为了增加养分，混合时可加入适量商品有机肥，每立方米掺入10~15千克有机肥，如果有机肥质量没保障，最好不要掺混（图2-17、图2-18）。

图2-16 草莓单层H形栽培槽结构

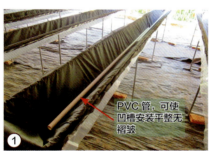

图2-17 草莓单层H形安装提示

（2）A形基质栽培模式　A形栽培架主体框架为钢结构，左右两侧栽培架各安装3~4排栽培槽，层间距为57厘米，栽培架宽1.2米左右；栽培架南北向放置，各排栽培架间距为70厘米；栽培槽一般用PVC材料制作，直径为25厘米。具体见图2-19、图2-20。

（3）后墙管道式基质栽培模式　在日光温室后墙上设置栽培管道，根据后墙高度可设置3~4排。管道式栽培一般采用的是市场常

图 2-18　国外常用 H 形栽培槽

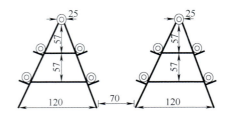

图 2-19　A 形栽培架结构示意图（单位：厘米）

图 2-20　常见 A 形栽培槽

见的直径不低于 160 毫米的 PVC 排水管，PVC 管放于水平的钢架结构上固定，上部栽培槽截面宽 100 毫米（图 2-21~图 2-24）。

在温室后墙设置 3~4 排栽培管道，单排长度不低于 45 米，栽培管道用 4 厘米×4 厘米方钢每隔 1.5 米牢固固定在后墙上，要求管道之间连接紧密、不要漏水，两排管道间距不低于 0.5 米，原则上最下排距地面高 0.5 米以上。

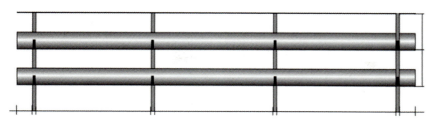

图 2-21　草莓后墙管道式栽培模式整体示意图

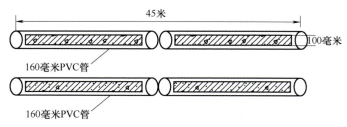

图 2-22　草莓后墙管道式栽培模式剖面图

（4）可调节式基质栽培模式　可调节式基质栽培模式常见的有可升降悬挂式、可调节支架式等（图 2-25）。

（5）立柱式基质栽培模式　立柱式基质栽培模式（图 2-26）由一根立柱和若干只 ABS 工程塑料盆钵经中轴连接而成，可推动旋转，使柱上植物均匀采光。通过最上层滴淋装置和各层花盆底孔的渗漏作用浇水施肥。这种架式新颖美观，配以不同颜色的花盆、立体绿化、美化效果强，占地小，适合家庭阳台种植。

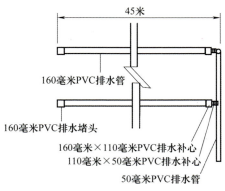

图 2-23　草莓后墙管道式栽培模式给水图

图 2-24　草莓后墙管道式栽培

图 2-25　可调节式基质栽培

图 2-26　立柱式基质栽培

(6)**吊柱式基质栽培模式** 吊柱式基质栽培模式(图 2-27)的栽培柱采用比较轻便的 PVC 管材,在管的四周按螺旋位置开种植孔,上端用滴箭供给营养液,充分利用了温室上层空间,展示效果美观。

图 2-27 吊柱式基质栽培

(7)**容器基质栽培模式** 容器基质栽培模式常见的有盆式、袋式、槽式等,可利用不同的容器打造不同的景观效果(图 2-28)。

图 2-28 容器基质栽培

第三节 半基质栽培

基质栽培虽然在一定程度上解决了连作障碍，但由于基质间颗粒孔隙较大，保水、保肥、保温能力较差，导致红蜘蛛等病虫害容易发生，并且一次性成本投入过高。草莓半基质栽培模式（图2-29），正是在原有基质栽培技术基础上进行改进，将原有基质栽培与土壤栽培的优点相结合。路河创新工作室经过3年的不断试验、完善，于2016年获批国家实用新型专利，并将草莓半基质栽培模式纳入北京市昌平区政府补贴范围，开始进入全面推广阶段。

图 2-29　草莓半基质栽培

半基质栽培模式结构呈梯形，下底宽60厘米、上底宽40厘米、地上部高35厘米，长度根据每个大棚的实际情况而定，一般长6.5米，农户实际使用时可达7~7.5米。400米^{2}标准温室原则上建45~50个栽培槽。半基质栽培安装包括以下几个过程：绘制结构示意图（图2-30）、平整土地、加工板材、安装栽培槽、回填土壤、填装基质、铺设滴灌设施等。具体过程及相关提示见图2-31、图2-32。

除了常规的半基质栽培安装过程，还有另一种安装方式。首先打一个高20厘米左右的低垄，在垄底两侧各挖深5厘米的沟；其次将栽培槽板材搭建在低垄两侧的沟内，底部用土压实，将挖沟多余土壤回填到栽培槽内，使回填土壤呈正三角形；最后，添加基质略高于栽培槽畦面且呈馒头状（图2-33、图2-34）。

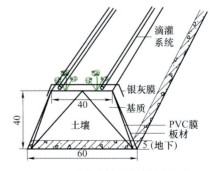

图 2-30　草莓半基质栽培模式结构示意图（单位：厘米）

第二章 草莓栽培模式

图 2-31 半基质栽培安装过程

图 2-31 半基质栽培安装过程（续）

图 2-32 半基质栽培安装过程提示

图 2-32 半基质栽培安装过程提示（续）

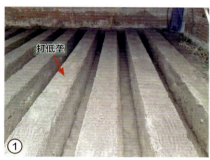

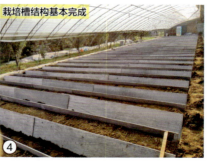

图 2-33 半基质栽培其他安装过程提示

图 2-34 半基质栽培时用的其他安装板材

第四节 水培

根据根系的固定方法来区分,可将基质无土栽培分为无基质栽培和基质栽培两大类。草莓采用无基质栽培方式,定植后不用基质,常用的方法是水培,最常见的是使用营养液来直接和草莓根系接触,保证草莓的生长。常见的水培模式有后墙管道、三层架式、管道式、阳台架式、壁挂式(图2-35)。

图2-35 草莓水培模式

第三章
促成栽培草莓品种

03

在设施栽培中,品种的选择相当重要。全世界有 2000 多个草莓栽培品种,可以分为三大系列:日韩系品种、欧系品种和中国品种。日韩系品种品种特性好,肉质柔软,但抗性差,不耐储存,如红颜、章姬等;欧系品种抗性强,耐储存和运输,但口感酸且硬。如甜查理、阿尔比等;中国品种的品种特性介于欧系和日韩系品种之间,如天香、燕香等"十三香"系列。

第一节 日韩系品种

1. 红颜

日系品种,母本为章姬,父本为幸香(图 3-1)。植株直立高大,长势强。叶柄粗长,叶片大而厚,叶色浅绿。多级花序,花穗大,花茎粗而长。果实呈圆锥形,畸形果较少。果面平整,呈鲜红色,富有光泽,丰产性好,连续结果能力强,结果期长。果肉鲜红,肉质细腻,香味浓,甜度大,口感好。一级序果平均单果重 38 克,最大单果重 100 克左右。鲜食加工兼用(极佳鲜食品种),适合日光温室及大棚促成栽培。

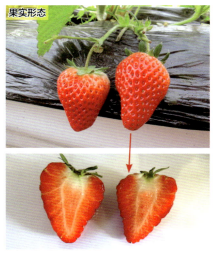

图 3-1 红颜草莓品种

2. 章姬

日系品种,母本为久能早生,父本为女峰。植株高,长势强。

叶片大但较薄,叶片数较少。果实呈长圆锥形,个大。果色艳丽美观,味浓甜、芳香,柔软多汁。一级序果平均单果重40克,最大单果重130克左右。果实偏软,货架期短(图3-2)。

图3-2 章姬草莓品种

3. 圣诞红

圣诞红由莓香与雪香杂交而来(图3-3)。株型直立,叶面平展而尖向下。叶片呈黄绿色、有光泽,叶片呈椭圆形,叶片边缘锯齿钝,

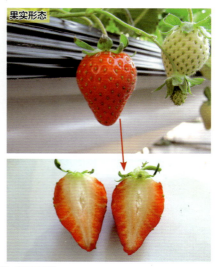

图3-3 圣诞红草莓品种

叶柄呈紫红色。果面呈红色，80%果实为圆锥形。种子微凸于果面，颜色黄绿兼有，密度中等。果肉呈橙红色，髓心呈白色。一、二级序果平均单果重35.8克，最大果重64.5克。果实硬度高于红颜，比红颜早熟7~10天。

4. 隋珠

日系品种，由章姬与红颜杂交而来，属于短休眠品种（图3-4）。该品种成熟较红颜早。其植株长势很强，结果多，花瓣呈白色，花柄粗。果实呈标准的圆锥形，横径可达5~6厘米，深红色，有蜡质感，大果率高，平均果重可达50~60克。一般每亩（1亩≈666.67米^2）产量为3500千克以上。

图3-4 隋珠草莓品种

5. 点雪

日系品种，属于短休眠品种（图3-5）。株型较直立，长势旺，株高30厘米左右。叶片较大，呈长圆形。花序长，花数多。第一花序果平均单果重22.5克左右，整个生长期平均单果重18克左右。果实呈长圆锥形，果实偏软，口感好，香味浓郁，果形美观整齐。可溶性总糖含量为9.0%、总酸含量为0.65%。

图 3-5　点雪草莓品种

6. 皇家御用

日系品种，成熟期比红颜晚（图 3-6）。株型较直立，株高 25 厘米左右。叶片较大，呈长圆形。第一花序果平均单果重 31 克左右，整个生长期平均单果重 12.6 克左右。果实呈短圆锥形、鲜红色，果

图 3-6　皇家御用草莓品种

肩部位呈白色，下部红色尖部呈深红色。果实较硬，口感好，可溶性总糖含量为 10.3%。

第二节 欧系品种

1. 甜查理

欧系品种，母本为 FL80-456，父本为派扎罗（图 3-7）。果实呈圆锥形，成熟后色泽鲜红，光泽好。果面平整，种子（瘦果）稍凹入果面，肉色橙红，髓心较小而稍空。甜脆爽口，香气浓郁，适口性极佳。一级序果平均单果重 50 克，最大单果重 83 克。硬度大，耐贮运性好。抗病性较强，早期丰产性强。

图 3-7 甜查理草莓品种

2. 童子一号

欧系品种，果实呈长圆锥形或楔形，畸形果较少，果面平整光滑，色泽艳丽，有明显的鲜红色蜡质光泽（图 3-8）。果味香浓，风味和口感好；保质期长，极耐贮运，适合长途运输。抗病性和适应性强。因其果实成熟期一致，采摘期集中，产量高，适合北方地区日光温室及大棚栽培。

图 3-8　童子一号草莓品种

3. 阿尔比

欧系品种，母本为钻石，父本为 Cal 94.16-1，属于日中性品种（图 3-9）。植株长势较强，叶片呈椭圆形。果实呈圆锥形，颜色深红、有光泽，髓心空，质地细腻，果实甜酸适度。果大，一级序果平均单果重 31 克，最大单果重 60 克。为"四季果"习性，合适生长条件下可全年产果。果实硬度高，耐储运，货架期长。综合抗性强。

图 3-9　阿尔比草莓品种

4. 卡姆罗莎

欧系品种，母本为道格拉斯，父本为 Cal 85.218-605，属于短日照品种（图 3-10）。果实呈长圆锥或楔形，色泽艳丽、有光泽，结果期长。果面平整光滑，果肉香浓，味甜微酸。产量高，一级序果平均单果重 50 克以上，最大单果重 120 克。果实硬度大，保质期长，极耐贮运。抗逆性强，抗灰霉病、白粉病。

图 3-10　卡姆罗莎草莓品种

5. 卡米诺实

欧系品种，属于短日照品种（图 3-11）。植株直立，易于操作。果实呈圆锥形，果面和果肉颜色较深。果实较大，品质好，硬度高，平均单果重 31 克。自身授粉能力强，畸形果率很低。对降雨等不良天气有较强抗性，较抗普通叶斑病。

图 3-11　卡米诺实草莓品种

6. 圣安德瑞斯

欧系品种，母本为阿尔比，父本为 Cal 97.86-1，是阿尔比的姐妹系品种，属于日中性品种（图 3-12）。前期植株长势强，持续结果能力高。有着较低的需冷量，结果期间匍匐茎很少，苗圃的繁殖系数稍低。果实外观、品质好。综合抗性较强。

图 3-12　圣安德瑞斯草莓品种

第三节　中国品种

1. 京藏香

北京市农林科学院培育品种，2013 年通过审定（图 3-13）。母

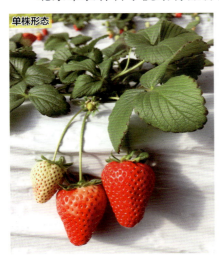 

图 3-13　京藏香草莓品种

本为早明亮，父本为红颜。果实大小中等，呈圆锥形、亮红色，硬度中等，风味佳，香味浓，连续结果能量强，果实成熟期与甜查理相近。一、二级序果平均果重31.9克，最大果重55克。已推广至北京、辽宁、山东、云南、内蒙古、河北等地，也适合西藏等高海拔地区。

2. 京桃香

北京市农林科学院培育品种，2014年通过审定（图3-14）。母本为达赛莱克特，父本为章姬。果实大小中等，呈圆锥形，果面呈亮红色，抗病性强，有浓郁的黄桃香味。一、二级序果平均果重31.5克，最大果重49克。已在北京、河北等地适栽。

图3-14 京桃香草莓品种

3. 京承香

北京市农林科学院培育品种，2013年通过审定（图3-15）。母本为土特拉，父本为鬼怒甘。果实大，硬度大，丰产性强，较抗白粉病、灰霉病。一、二级序果平均果重33.8克，最大果重56克。已推广至北京、河北、辽宁、江苏、安徽等地。

图 3-15 京承香草莓品种

4. 京留香

北京市农林科学院培育品种，2013年通过审定（图 3-16）。母本为卡姆罗莎，父本为红颜。果形整齐，果实大，香味浓，丰产性强，适合观光采摘。一、二级序果平均果重 34.5 克，最大果重 52 克。已推广至北京、河北、安徽、辽宁、江苏等地。

图 3-16 京留香草莓品种

5. 京泉香

北京市农林科学院培育品种，2012年通过审定（图3-17）。母本为01-12-15，父本为红颜。植株长势强。果实香甜、口感好、香味浓。个别年份应注意白粉病防治。一、二级序果平均果重38.4克，最大果重90克。已推广至北京、河北、云南、辽宁、内蒙古、江苏、安徽、山东、青海等地。

图3-17 京泉香草莓品种

6. 京怡香

北京市农林科学院培育品种，2012年通过审定（图3-18）。母本为卡姆罗莎，父本为红颜。植株长势强。果实香甜、口感好。抗白粉病、灰霉病。一、二级序果平均果重32克，最大果重62克。已推广至北京、安徽、河北、河南、云南、广西等地。

7. 京御香

北京市农林科学院培育品种，2011年通过审定（图3-19）。母本为卡姆罗莎，父本为红颜。果面呈红色、有光泽、风味浓、果实大，连续结果能力强，耐贮运。抗白粉病、灰霉病。一级序果平均果重60.2克，最大果重178克。已在北京、河北等地适栽。

图 3-18　京怡香草莓品种

图 3-19　京御香草莓品种

8. 京醇香

北京市农林科学院培育品种，2012 年通过审定（图 3-20）。母本为 01-12-15，父本为鬼怒甘。花量适中，果肉脆，有特殊香味。耐贮运，不易感病，具有较高的商品价值。一、二级序果平均果重 28.2 克，最大果重 54 克，已在北京、河北等地适栽。

9. 京凝香

北京市农林科学院培育品种（图 3-21）。母本为卡姆罗莎，父本为章姬。果实风味浓、具有清香。抗病性强，产量高，综合性状优良。已在北京、河北等地适栽。

图 3-20　京醇香草莓品种

图 3-21　京凝香草莓品种

10. 天香

北京市农林科学院培育品种，2008 年通过审定（图 3-22）。母本为达赛莱克特，父本为卡姆罗莎。果面鲜红，呈圆锥形，果形整齐。货架期长、耐贮运。一、二级序果平均果重 29.8 克，最大果重 58 克。已推广至北京、河北、山东、辽宁、四川、江苏、黑龙江等地。

11. 燕香

北京市农林科学院培育品种，2008 年通过审定（图 3-23）。母本

图 3-22 天香草莓品种

图 3-23 燕香草莓品种

为女峰，父本为达赛莱克特。果面呈橙红色、有光泽，果柄长。果实酸甜适中、有香味。抗病性强、丰产性好。一、二级序果平均果重33.3 克，最大果重 54 克；已推广至北京、河北、山东、湖北、辽宁、四川、江苏、黑龙江、重庆、广东等地。

12. 书香

北京市农林科学院培育品种，2009 年通过审定（图 3-24）。母本为女峰，父本为达赛莱克特。完全成熟时果面深红，有浓郁的茉莉香味。果实大,产量和抗病性优于女峰,成熟期早于达赛莱克特。一、二级序果平均果重 24.7 克,最大果重 76 克。已推广至北京、河北、山东、辽宁、四川、江苏、黑龙江等地。

图 3-24 书香草莓品种

13. 冬香

北京市农林科学院培育品种,2010 年通过审定(图 3-25)。母本为卡姆罗莎,父本为红颜。果面呈红色,果实酸甜适中,花序抽生能力强、单花序花量少,自然坐果率高,丰产性较强。不抗白粉病。一、二级序果平均果重 40.5 克,最大果重 57 克。已在北京、河北等地适栽。

14. 红袖添香

北京市农林科学院培育品种,2010 年通过审定(图 3-26)。母本为卡姆罗莎,父本为红颜。果实呈长圆锥或楔形,果面全红,果肉呈红色。果实酸甜适中,有香味。植株长势强,连续结果能力强。抗白粉病。一、二级序果平均果重 50.6 克,最大果重 98 克。已推广至北京、云南、河南、甘肃、山西、安徽、河北、山东、辽宁、内蒙古、江苏、四川、西藏等地。

图 3-25　冬香草莓品种

图 3-26　红袖添香草莓品种

15. 晶瑶

晶瑶是湖北省农业科学院选育的早熟浅休眠品种（图 3-27）。母本为幸香，父本为章姬。植株长势强，植株极高大。叶片呈长椭圆形、嫩绿色。叶面光滑，质地硬，茸毛少。果形大，果实呈略长的圆锥形。果实表面和内部均呈鲜红色，外形美观、富有光泽。果实硬度大，口味酸甜。平均单果重 25.9 克。

图 3-27 晶瑶草莓品种

16. 越心

母本为优系 03-6-2（卡麦罗莎 × 章姬），父本为幸香，属于早熟草莓新品种（图 3-28）。果实呈短圆锥形或球形，顶果平均重 33.4 克、平均单果重 14.7 克。果面平整，呈浅红色、具光泽；髓心呈浅红色，无空洞。果实甜酸适口，风味甜香，果实平均可溶性固形物含量为

图 3-28 越心草莓品种

12.2%。中抗炭疽病、灰霉病、白粉病，平均产量为每亩 2000 千克以上。适宜设施栽培。

17. 白草莓

白草莓又叫小白，是首例我国自主培育的白草莓品种（图 3-29）。果皮较薄，果肉为奶白色，表面均匀分布着小红点。果实在生长前期（12 月 ~ 第二年 3 月）为白色或浅粉色，4 月以后随着温度升高和光线增强会转为粉色。该品种生长旺盛，果实大、品质优，但是相对来说产量不高，抗病性较差。

图 3-29　白草莓品种

18. 宁丰

宁丰以达赛莱克特与丰香杂交育成（图 3-30）。植株长势强，半直立，匍匐茎抽生能力中等。果实大，呈圆锥形，果面呈红色、光泽强。果实外观整齐漂亮，果肉橙红，肉质细，风味甜。一、二级序果平均果重 22.3 克，最大果重 47.7 克。连续开花坐果能力强，早熟丰产。

图 3-30　宁丰草莓品种

19. 宁玉

宁玉以幸香母本与章姬父本杂交育成（图 3-31）。植株长势强，半直立，匍匐茎抽生能力强。果实呈圆锥形、红色、光泽强；果实外观整齐漂亮，果面平整，坐果率高；风味佳，甜香浓。连续开花坐果性强，早熟丰产，平均单果重 15.5 克。耐热耐寒性强，抗炭疽病强，中抗白粉病。

图 3-31 宁玉草莓品种

20. 妙香 7 号

山东农业大学以红颜与甜查理杂交育成的妙香 7 号，属于暖地品种（图 3-32）。果实呈圆锥形，平均单果重 35.5 克；果面呈鲜红色、富光泽、平整；果肉鲜红，细腻，香味浓郁；髓心小，呈橙红色；种子分布均匀，黄绿红色兼有，稍陷于果面。一级序果平均果重 85.1 克，各级序果平均果重 35.5 克，平均每亩产量为 3427 千克。抗病性能显著高于红颜和甜查理。

图 3-32 妙香 7 号草莓品种

04

第四章
土壤处理

对于草莓生产而言，种苗是关键，技术是保障，而土壤是其赖以生存的基础，适宜的土壤是草莓优质高产的保障。草莓属浅根系作物，为了保证草莓产品的高产优质，要求土壤理化性质良好，土壤质地疏松、肥沃、有机质含量在 1.5% 以上，耕作土层厚 30 厘米以上，保水、保肥力强，透气性好，地下水位在 80 厘米以下，pH 为 5.5~6.5。

第一节　土壤改良

草莓在疏松、肥沃、透气和透水良好的砂壤土上生长，产量高、品质好。但在盐碱地、沼泽地、石灰质土地、偏黏土地等土壤中，草莓生长不良，产量低、品质差，主要是由于这些类型的土壤通气性差、排水不良、养分不易被吸收利用。对于这些土壤，可以对其进行改良，来改善土壤的通透性、pH、有机质等理化性质，使其满足草莓的生长条件。

土壤改良的常用材料有草炭、蛭石、秸秆、细沙、硫黄粉、有机肥、松毛土等。对黏重土壤（图 4-1），可通过掺细沙来改善透水、透气性（图 4-2）；对颗粒性的土壤，可通过掺有机肥、秸秆、落叶土、草炭来增加有机质含量和保水性。

图 4-1　黏重土壤

图 4-2　黏重土壤掺细沙

对 pH 为 7~8.5、土壤呈碱性、有机质含量在 1.0% 左右且地下水含钙过多的土壤，可以撒施硫黄粉（图 4-3）或者硫酸亚铁。也可用草炭、细沙、田土深翻。具体方法是：400 米^2 标准温室，若原来土壤 pH 为 8 左右，则用 30 米³ 草炭、5 米³ 细沙深耕，深耕深度为 30~40 厘米。若土壤有机质含量低，可以增施有机肥或是锯末、秸秆等逐渐改善（图 4-4）。

图 4-3 对 pH 高的土壤可撒施硫黄粉调酸

图 4-4 若土壤有机质含量低，增施有机肥逐渐改善

第二节 填闲作物

填闲作物主要指在主要作物收获后，在空闲季节种植以吸收土壤多余的养分、降低耕作系统中的养分淋溶损失、平衡土壤的养分比例，为后季作物的正常生长创造良好条件的作物。对于我国北方来说，尤其是保护地栽培草莓，拉秧后正值夏季高温多雨，许多蔬菜无法种植，这个时期又是硝酸盐淋溶敏感期，若种植填闲作物，吸收土壤中残留的大量氮素，将能有效防止氮素淋溶。等作物生长到一定程度后将其本身粉碎翻入土壤作为绿肥，还可改变土壤中的氮量及其分布、影响土壤结构和土壤根系微生物的种群及数量，对草莓根系的生长非常有利。

科学选择作物种类，通过调节不同作物的根际养分和微生物变化来调节保护地草莓的生长是十分必要的。填闲作物应选择不同的科属，要求生长期更短、耐高温及耐涝性强。玉米、萝卜、菜花、油菜、小白菜、籽粒苋、菊苣等较适合作为填闲作物（图 4-5~ 图 4-8）。在种植填闲作物时最好采用密植、浅覆土、勤浇水以保持土壤湿润，促进作物根系生长。

图 4-5　草莓拉秧后种植小白菜

图 4-6　草莓拉秧后种植萝卜

图 4-7　草莓拉秧后种植籽粒苋

图 4-8　草莓拉秧后种植油菜

第三节　土壤消毒

　　由于草莓大多长期在同一块地种植，连作极易造成病虫害滋生和蔓延，又由于表层土壤施肥多，易造成某种矿物质元素的浓度障碍、有机质含量下降、土壤板结、耕作层浅等不良的土壤条件。土壤消毒可以解决连作障碍中占主导地位的土传病虫害问题，提高作物对水分和养分的吸收利用，保证土壤持续生产能力。通过对土壤进行消毒处理，改良土壤，可以为草莓根系创造一个适宜的生长条件。

　　目前，在生产上应用的土壤消毒的方法有很多，如物理消毒、化学消毒、生物消毒等。物理消毒常用的是石灰氮太阳能土壤消毒技术，另外还有高温闷棚技术、蒸气消毒技术等；化学消毒常用的是氯化苦土壤消毒技术、棉隆土壤消毒技术等；生物消毒有微生物抗重茬菌剂消毒技术、枯草芽孢杆菌消毒技术等，但目前都处于试验探索阶段。

一、物理消毒

1. 石灰氮太阳能土壤消毒技术

石灰氮太阳能土壤消毒技术是指在高温季节通过添加秸秆等含碳量较高的物质和石灰氮均匀混合，灌水后较长时间覆盖塑料薄膜来提高土壤温度，以杀死土壤中包括病原菌在内的多种有害生物。由于它具有操作简单、经济适用、对生态友好等诸多优点，其研究和应用日益受到人们的重视。

在拉秧清园后可进行土壤消毒。通过撒秸秆、撒石灰氮、拖拉机深翻、起垄、覆盖塑料薄膜、灌水、封闭棚室、打开棚膜、揭地膜、晾地、旋耕土壤等操作完成温室土壤消毒。

在草莓实际生产中，最常用的方法是在草莓拉秧后轮作玉米，之后粉碎其秸秆（图4-9）。在清除草莓植株后平整温室土地，然后用75%百菌清800倍液和1.8%阿维菌素5000倍液混合消毒。一般每亩用种量为50千克，玉米生长高度至少为1.5米。之后将玉米秸秆粉碎成1~3厘米长，每亩使用量为600~800千克。

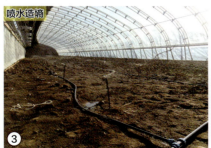

图4-9　轮作玉米，粉碎其秸秆

图 4-9 轮作玉米,粉碎其秸秆(续)

为了增加土壤中有机质含量、提高发酵土壤温度,在消毒过程中可每亩添加 800 千克秸秆、40 千克石灰氮。旋耕后进行起垄,垄高 30 厘米、宽 30 厘米、垄距为 50 厘米。覆膜灌水后密封棚室。具体见图 4-10。

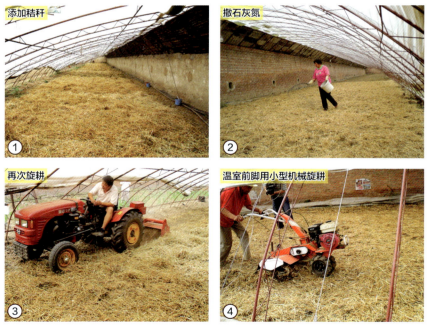

图 4-10 添加秸秆后封闭温室消毒过程

图 4-10 添加秸秆后封闭温室消毒过程（续）

在闷棚消毒过程中，应经常监测地温（图 4-11），一般地表下 10 厘米处地温可达 60℃，20 厘米处地温为 40~50℃。经常检查内膜是否破损，防止漏气。

高温闷棚 20~40 天后，打开棚膜，揭开地膜，晾地后进行旋耕（图 4-12）。如遇连续阴雨天，应适当延长闷棚时间。

图 4-11　监测地温

图 4-12　揭膜、晾地、旋耕

2. 高温闷棚技术

高温闷棚技术也叫太阳能消毒技术,即利用太阳能进行温室和土壤消毒,成本低、污染小、操作简单,而且高温闷棚技术与其他的物理、化学和生物方法兼容。采用高温闷棚技术可使用辛硫磷(图 4-13)或杀毒矾撒施到土壤中进行闷棚。消毒流程与石灰氮太阳能土壤消毒技术基本一致。

图 4-13　辛硫磷

二、化学消毒

化学消毒技术是将熏蒸剂注入土壤发挥其消毒作用。常用的熏蒸剂有氯化苦、威百亩、棉隆（图 4-14）、辣根素（图 4-15）、1,3-二氯丙烯、二甲基二硫、碘甲烷和福尔马林等。

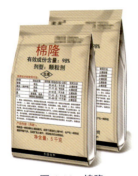

图 4-14　棉隆

图 4-15　辣根素

熏蒸剂在施用时有注射消毒技术、化学灌溉技术、生物熏蒸技术。其中，注射消毒技术是熏蒸剂常用的施用方式，方法是通过注射装置将药剂注入土壤，注射深度通常是土层下 30 厘米。现在有一种新的机械可将熏蒸剂注入未耕过的土壤，配合封土装置可减少熏蒸剂向地表散发。

化学消毒技术中应用最广泛的是氯化苦土壤消毒技术（图4-16）。氯化苦的化学名称为三氯硝基甲烷，是一种对真菌、细菌、昆虫、螨类和鼠类均有杀灭作用的熏蒸剂。氯化苦消毒适用范围广，在土壤及作物中无残留，连续使用无其他不良影响。具体方法为：在平整土地后，将氯化苦注入土壤，深度为15~20厘米、间隔30厘米，每亩用量为16~24千克；边注射，边覆膜。覆膜后闷棚，当地温为15~25℃时，覆盖7~10天；当地温为6~15℃时，覆盖14天。最后，揭膜完成消毒。

图4-16 氯化苦土壤消毒技术

三、生物消毒

生物消毒是近年来很多学者积极探索出的新型消毒方式，即利用微生物的作用，来改善土壤质地，增强草莓抗连作能力，常用微生物抗重茬菌剂（图4-17）、枯草芽孢杆菌（图4-18）等。

图 4-17 微生物抗重茬菌剂

图 4-18 枯草芽孢杆菌

第四节 其他栽培模式消毒

除传统土壤栽培需要进行土壤消毒外，草莓采用高架基质栽培模式和半基质栽培模式时也需要进行消毒。

一、高架基质栽培模式消毒

经过几个种植周期，多余的养分会在基质中残留，易造成草莓苗成活率降低。鉴于此，高架基质栽培模式消毒可采用液体石灰氮和硫黄粉消毒两种方式，目前应用最广泛的是硫黄粉消毒方法，可达到调酸、杀菌的目的。

具体消毒过程见图 4-19。先去除草莓地上部植株并清理出温室；然后对温室进行全面消毒，包括畦面、墙体、地面等；撒施硫黄粉，每架用量为 200~300 克；之后覆膜消毒，至栽苗前 7~10 天揭膜。

图 4-19 高架基质栽培模式消毒过程

图 4-19　高架基质栽培模式消毒过程（续）

消毒完成后进行基质处理（图 4-20）：上下翻倒基质，使基质均匀；根据使用量，增加新基质；将基质装填成馒头状，反复浇水几次，使基质沉实。

在消毒过程中，经常由于浇水不足或者密封不严实导致草莓根系未完全腐熟（图 4-21），影响下一季草莓生长。所以应经常检查畦面水分和覆膜密封情况。

图 4-20　消毒后进行基质处理

图 4-20　消毒后进行基质处理（续）

图 4-21　草莓根系未完全腐熟

二、半基质栽培模式消毒

种植年限为 1~2 年的半基质栽培模式消毒过程见图 4-22。先去除草莓地上部植株并清理出温室；对温室进行全面消毒，包括垄面、墙体、地面等；然后，撒施硫黄粉，每个栽培槽用量为 200~300 克；覆膜消毒，至栽苗前 15~20 天揭膜。

种植年限为 3 年以上的半基质模式消毒过程见图 4-23。首先，进行上半部基质消毒，将基质翻倒至垄间，用广谱性杀菌剂搅拌后，大水冲洗基质；其次，进行下半部土壤消毒，将栽培槽内的土壤进行翻倒，翻倒完后，阳光暴晒 3 天，之后每个栽培槽加入 10~15 千克腐熟的有机肥；最后，将基质装填成馒头状，并根据基质减少量，添加新基质，用喷头浇水使基质沉实。

图 4-22 种植年限为 1~2 年的半基质栽培模式消毒过程

图 4-23 种植年限为 3 年以上的半基质模式消毒过程

图 4-23 种植年限为 3 年以上的半基质模式消毒过程（续）

第五节　整地施肥

消毒刚刚结束时温室内土壤含水量较高，不易进行旋耕，必须经几天的晾晒，使土壤中的水分蒸发一下，等土壤疏松时（即用手稍用力就能捏碎就可以）进行旋耕，晾晒土壤也有利于杀死土壤中的有害微生物，增加土壤的蓄热，熟化土壤。晾晒时间控制在土壤不板结的程度，如果晾晒时间过久土壤很容易干，形成坚硬的土块不利于旋耕。在晾晒的过程中不要在温室中走动，防止土壤板结，形成硬块。

一、基肥选择

应先对温室土壤进行养分测定（图4-24），了解土壤的营养成分，有针对性地进行配方施用基肥。在温室中采用五点取样（图4-25）的方法，用专用取土工具，每点取地表下20厘米处土层的土样。将五点土壤样品充分混合后送交科研单位对土样进行土壤理化性质测定。根据土壤氮、磷、钾含量的测定结果，选择科学、有针对性的配方施用基肥。对不同肥力土壤采取不同的施肥措施，如北京市昌平区对草莓地块土壤养分进行了分级，并给出了标准和施肥建议。具体见表4-1。

图4-24　取土测定土壤养分含量

图4-25　定点取土（五点取样法）

表 4-1　不同肥力的耕地土壤养分指标含量

养分级别	耕地土壤养分指标含量分级				施肥建议
	有机质／（克/千克）	碱解氮（N）／（毫克/千克）	有效磷（P）／（毫克/千克）	速效钾（K）／（毫克/千克）	
高肥力	≥30	≥150	≥150	≥240	施肥无效，苗期易发生肥害；施基肥时有机肥与复合肥（专用肥）应减量，可以不施化肥；常规追肥
中肥力	20~<30	100~<150	50~<150	120~<240	施肥有效，按常规数量施基肥；按常规追肥
低肥力	<20	<100	<50	<120	施肥有效，施基肥适当增加有机肥数量；按常规追肥

（1）**高肥力**　施肥基本无效，易发生肥害。对 50 米 ×8 米的标准棚，基肥施有机肥 0.75 吨（折 1.25 吨/亩），减少或不施化肥，中后期常规追肥。测土补充土壤中含量较低的元素，平衡施用氮、磷、钾。监测电导率，防止次生盐渍化发生。

（2）**中肥力**　施肥有效，常规追肥，测土补充土壤中含量较低的元素，平衡施用氮、磷、钾。对 50 米 ×8 米的标准棚，基施有机肥 1 吨（折 1.8 吨/亩）；无机肥：15-15-15 的三元复合肥 10 千克（折 15 千克/亩），常规追肥。

（3）**低肥力**　施肥有效。对 50 米 ×8 米的标准棚，施有机肥 2 吨（折 3.3 吨/亩）；无机肥：15-15-15 的三元复合肥 15 千克（折 25 千克/亩），常规追肥。

如果土壤中有效磷含量高，应施用低磷配方的复合肥（专用肥）；有机肥应降低鸡粪比例，改为以牛粪为主。

如果土壤中有效磷含量低，可增施普钙 25~50 千克/棚。

如果土壤中有效钾含量低，可增施硫酸钾肥 5~10 千克/棚。

农户可参考上述施肥方案自主决定基肥、追肥的品种与数量。

基肥一般可用有机肥、复合肥、复混肥、缓释肥、生物菌剂、腐熟完全的农家肥等。常见的肥料见图 4-26。

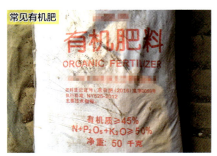

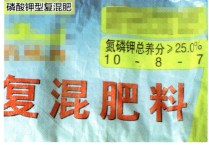

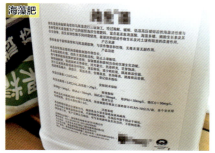

图 4-26 常见肥料

图 4-26　常见肥料（续）

二、撒施基肥进行旋耕

在温室土壤能够站人而不下沉时，先施有机肥，再施复合肥，施用肥料一定要均匀，具体的操作方法见图 4-27。将肥料的 2/3 普遍撒施后，再将剩余的肥料根据田间的肥料薄厚针对性撒入。有机肥建议使用农家肥如牛、羊、猪粪等，但一定要充分腐熟。施肥最好

图 4-27　撒施基肥进行旋耕

图 4-27　撒施基肥进行旋耕（续）

选择晴天进行。避免复合肥与生物菌肥同时使用。施肥后应该尽快进行旋耕，旋耕两遍，旋耕以土壤平整、肥料均匀为佳。旋耕机后方悬挂重物可增加旋耕深度（图 4-28）。

三、做畦

根据灌水方式不同，做畦要求也不一样。在北方日光温室种

图 4-28　悬挂重物增加旋耕深度

植草莓一般多采用高畦（垄）栽培，可以增加畦面的光照面积，提高地温，增强通风、透光性，促进草莓生长。做畦要下实上松，具体要求为：畦面宽 40 厘米、畦底宽 60 厘米、高 30~35 厘米、畦距为 90~100 厘米、沟宽约 40 厘米（图 4-29）。

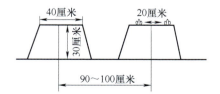

图 4-29　草莓畦横截面示意图

做畦具体流程见图 4-30。应提前造墒，第二天开始做畦；先将土壤蹬实，防止畦面塌陷；然后摆放模具，回填土进行做畦，边填土边蹬实，平整畦面，最后清理畦沟，做畦完成。除人工做畦，还可用机器做畦，省时省工（图 4-31）。

图 4-30 做畦具体流程

图 4-30　做畦具体流程（续）

图 4-31　机器做畦

完成做畦后，进行洇畦。洇畦有利于畦面沉实，紧实土壤，而且可以造底墒。在洇畦时要小水慢浇（图 4-32），防止管道水压过大损坏畦面（图 4-33）；浇水要均匀充足，以畦面见到明水为宜

图 4-32　洇畦时小水慢浇

图 4-33　管道水压过大损坏畦面

(图4-34),防止浇水不均匀引起畦面干裂(图4-35)。要及时检查滴灌管(带),出水有问题要及时更新或是维护,防止引起畦面坍塌(图4-36)。

图 4-34　畦面见明水则完成洇畦

图 4-35　浇水不均引起畦面干裂

图 4-36　滴灌带滴眼出水导致畦面坍塌

第五章 草莓栽培技术

05

经过了前期对土壤的各种处理工作，温室草莓开始进入栽培阶段。

第一节 定植前准备

一、配套设施安装

在栽培前温室内设备还要进行一些调试准备工作，主要包括安装滴灌设施（图 5-1~图 5-9）、微喷和补光设施（图 5-10）及遮阳网（图 5-11）。大型园区可采用一套施肥系统，连接整个园区的多栋温室进行灌溉施肥；小园区及种植户多采用在温室内的灌溉首部上连接施肥罐进行灌溉施肥。滴灌系统通常由水源工程、首部控制枢纽、输配水管网和灌水器（滴头）4部分组成，具有省水、省力、节能、增产效果明显等特点。

图 5-1 大型园区集中施肥控制系统

图 5-2 单个温室采用的肥液桶

图 5-3 2000 米³ 容量的营养液池

图 5-4 草莓畦头部立式营养桶

图 5-5 草莓畦间卧式营养液桶

图 5-6 比例施肥泵

图 5-7 常见的文丘里式施肥器

图 5-8 压差式施肥罐

图 5-9 安装两条滴孔间距为 8~10 厘米的滴灌带

图 5-10 微喷和补光灯管线

图 5-11 安装 60% 遮光率的遮阳网

在实际生产上常见的几种施肥装置有比例施肥泵、文丘里式施肥器、压差式施肥罐等。

【提示】 对于使用两年以上的滴灌带,在新的种植季开始前一定要检查滴灌带是否还能正常滴水。不能正常滴水的原因一是滴孔因为滴灌带负压吸入土壤堵死,不能正常滴水;原因二是滴灌带中残存的肥液残留在滴孔上堵死滴孔,同时残液中养分成分与空气富营养化,吸附空气中的灰尘堵死滴孔(图 5-12)。所以在检查时要将滴灌带充满水,用手捋一下再放水,反复三次,对于不能正常滴水、有跑冒滴漏的一定要更换。

另一个就是检查滴灌带的长度,滴灌带一定要超出草莓畦 20 厘米,保证第一个草莓下面必须有一个滴孔,否则很容易造成头部草莓浇水不足(图 5-13~图 5-15)。

图 5-12 残液造成富营养化堵塞

图 5-13 正确铺设滴灌带

图 5-14 滴灌带末端留出一个滴眼

图 5-15 滴灌带安装过短,影响畦头部灌溉

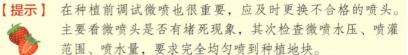
【提示】 在种植前调试微喷也很重要,应及时更换不合格的喷头。主要看微喷头是否有堵死现象,其次检查微喷水压、喷灌范围、喷水量,要求完全均匀喷到种植地块。

二、种苗运输与储存

1. 种苗运输

1)裸根苗运输。刚起出来的草莓裸根苗一般要放在 2~8℃冷库中预冷,散掉草莓种苗田间热量,以便于运输(图 5-16)。在运输时,可修剪掉部分叶片或者全部叶片,防止水分蒸腾过快(图 5-17~图 5-19)。

图 5-16 裸根苗运输前放在冷库中预冷

图 5-17 修剪掉部分叶片

图 5-18 修剪掉全部叶片

图 5-19 用 8~13℃冷藏车运输

2）基质苗运输。对带有基质的草莓种苗，可根据运输距离灵活安排。近距离运输时，直接码放即可（图 5-20、图 5-21），运输时可用普通货车遮盖遮阳网处理，也可使用冷藏车；远距离运输时，去掉根系部分基质减轻重量，将种苗装入纸箱中在冷库中再次预冷后，装车运输（图 5-22~图 5-24）。

图 5-20 带基质槽的种苗直接码放

图 5-21 带基质的种苗卸掉基质槽码放

图 5-22 普通货车遮盖遮阳网

图 5-23 冷藏车运输

图 5-24　基质苗远距离运输

2. 种苗临时存放

种植前，将草莓种苗临时存放在背风遮阳的平整的地方，及时冲洗降温（图 5-25、图 5-26）。处理好的种苗要及时用毛巾、湿布或湿纸箱覆盖做护根处理（图 5-27）。

图 5-25　草莓种苗存放在树荫下，从底部灌水，尽量不溅到叶片上

图 5-26　整筐码放，及时用水冲洗降温

图 5-27　及时覆盖做护根处理

3. 种苗长时间存放

如果存放时间较长，就要放在冷库中，码放不能超过 5 层，可采用多种方式码放（图 5-28）。

图 5-28　种苗放置在冷库中长时间存放

三、种苗处理

检查好温室的基本配套设施后,接下来要对定植前草莓种苗进行处理。

1. 种苗分级、修剪和消毒

在草莓苗分级过程中,要遵循大小相对分级。在草莓生产中,一般分为A、B、C 3个等级。A级标准:新茎粗1厘米以上,四叶一芯,10厘米长的主根有10条以上;B级标准:新茎粗0.8厘米以上,三叶一芯,8厘米长的主根有8条以上;C级标准:新茎粗0.6厘米以上,三叶一芯,6厘米长的主根有6条以上(图5-29)。

进行种苗修剪时,先要去掉老叶、病叶及匍匐茎(图5-30)。在去掉匍匐茎时应注意,如果匍匐茎的长度足够,最好用剪子在距离种苗不短于10厘米处截断;长度不够时,不要在根部扯断,尽量远离根部截断,否则造成较大的伤口易使致病微生物侵染,导致植株感染病害(图5-31)。如果是基质苗,剪掉底层须根,将根系部分基质去除(图5-32)。

图 5-29 种苗根据新茎粗细分级标准

图 5-30 去掉老叶、病叶及匍匐茎

图 5-31 修剪匍匐茎

图 5-32 基质苗去除根系部分基质

进行叶片修剪时,根据苗的大小不同,修剪程度有所不同。对新茎和叶片长度大于 40 厘米称为徒长苗,定植前将叶片全部剪掉,保留 16~20 厘米长的叶柄,修剪定植后的草莓苗,有利于缓苗(图 5-33);对长度大于 30 厘米的中等苗,定植前修剪掉叶片的 1/3~1/2(图 5-34);对长度低于 20 厘米的小苗,只剪掉老叶、病叶(图 5-35)。

图 5-33 长度大于 40 厘米的徒长苗叶片修剪

图 5-33　长度大于 40 厘米的徒长苗叶片修剪（续）

图 5-34　长度大于 30 厘米的中等苗叶片修剪

图 5-35　长度小于 20 厘米的小苗叶片修剪

　　进行根系修剪时，如果是营养钵苗或者基质苗，首先要轻轻揉掉根系处部分基质（图 5-36）。

图 5-36　对营养钵苗或者基质苗，去除部分基质

对于根系比较庞大的种苗，要求保留 15~20 厘米长，根系过长则种植时容易窝根，影响草莓成活率；过短，则草莓稳定性差，根系容易与空气接触老化。对于根系长度中等的种苗，稍作修剪即可。对根系太少的种苗不用修剪（图 5-37）。去掉干枯草莓种苗的叶鞘，如果是多年种植草莓的地块则不要去除（图 5-38）。将修整完的草莓种苗统一码放（图 5-39）。

图 5-37　根系修剪方法

图 5-38　在多年种植草莓的地块不用去除叶鞘　　图 5-39　修整完的草莓苗统一码放

种苗修剪完后,如果是裸根苗,尤其是异地裸根苗,要集中用水浸泡或是冲洗根系(图 5-40),可以冲掉部分自带的病菌和虫卵。无论是基质苗还是裸根苗,定植前都要对种苗进行消毒(图 5-41~图 5-44)。

图 5-40　裸根苗用清水浸泡或冲洗根系

图 5-41　定植前用阿米西达或多菌灵等　　图 5-42　浸泡时要先放种苗根部,然后
　　　　　杀菌剂浸泡或蘸根　　　　　　　　　　　快速整株没入,严禁长时间浸没种苗

图 5-43 浸泡时间一般为 1~2 分钟，之后将种苗放置阴凉处晾干

图 5-44 带有基质的种苗只需快速蘸根即可，无须浸泡

2. 草莓种苗复壮和临时性假植

对于小苗、弱苗，以及没有生长点、根系过短或严重老化的草莓种苗需要假植、复壮才能种植在畦上（图 5-45）。一般有基质圃假植、营养钵假植、做畦假植等方式（图 5-46、图 5-47）。

图 5-45 需要假植、复壮的种苗

图 5-46 假植圃（四周打畦，底层铺塑料布、扎透水眼，上层铺 20 厘米厚的基质）

图 5-47 营养钵假植（一般用 10 厘米 × 10 厘米或 12 厘米 × 12 厘米的钵）

假植时，开一条深20~25厘米、宽15~20厘米的沟，中间深两边浅，将草莓种苗的根部贴放在沟的一侧，用开沟土将根系覆盖，浇水湿润土壤，保障根系水分供应。假植后可安装遮阳网等，防止高温热害（图5-48、图5-49）。

图5-48　在阴凉处开沟假植

图5-49　利用高秆作物遮阴假植复壮

【提示】　在管理上要特别注意补水时间，尽可能在上午10：00前、下午3：00以后，尽量避开中午高温时段。补水量不要一次性太大，根茎部湿润就可以了。栽后的3~5天，如果天气晴朗，温度较高，要每天喷2次水，遇到雨天，要及时排水，防止草莓根系缺氧腐烂。

第二节　定植

在北方日光温室促成栽培方式中，草莓生长季节为寒冷的冬季，这样草莓就可以赶在节日期间集中上市，经济效益好。如果种植时间过晚，草莓的营养体在寒冷到来之前没有长得足够大，在草莓最佳的黄金产量时期（春节前20天）产量不高，经济效益自然不高。可见适时定植是草莓生产中重要的环节。

定植前3天要对温室进行全面消毒，主要是用杀虫、杀菌剂防治病虫害。杀虫剂可用11%乙螨唑5000倍液、18克/升阿维菌素乳油，杀菌剂可选用20%粉锈宁可湿性粉剂1000~2000倍液或15%三唑酮1000倍液。要对整个温室均匀喷施药剂。

一、定植常识

草莓种苗定植过早，在缓苗期容易因高温缺水导致萎蔫，严重者甚至死亡。可适当晚栽，遮阳，及时补水（图5-50）。但定植过晚，又易因温度太低，生长受到抑制（图5-51）。一般情况下，定植时间应在8月25日~9月15日。定植时遵循弱苗早栽，壮苗晚栽的原则，选择晴天下午避开高温时段定植。

应提前湿润草莓畦造墒。在草莓定植前2~3天一定要湿润一下草莓栽培畦（图5-52），应微开滴灌阀门，或是喷施水气让畦面湿润，定植草莓苗要求栽培畦的土壤含水量为60%~80%。

定植方向为弓背朝向外侧（图5-53）。这样做，开花结果后花序会伸到畦面外侧坡上结果，便于蜜蜂授粉和果实采收。一般可通过匍匐茎抽生的方向来判定定植方向，匍匐茎抽生的方向与弓背方向是一致的，如果草莓种苗已抽生匍匐茎，那么定植时将抽生匍匐茎的一侧朝外。

图 5-50　定植过早，草莓苗萎蔫甚至死亡

图 5-51　定植过晚，生长受到抑制

图 5-52　湿润栽培畦

图 5-53　弓背朝垄外侧定植

定植时，基质种植则种苗侧栽，土壤种植则种苗直立栽培（图 5-54）。定植穴呈三角形排布，深 16 厘米左右（图 5-55）。挖定植穴时，为了提高效率，在生产上还会借助定植铲等小工具（图 5-56）。

为了提高栽苗效率，一般都将处理好的草莓种苗集中码放在草莓畦的一头或垄上，便于取苗，也利于草莓种苗保湿，防止草莓须根失水脱落，也便于定植（图 5-57）。

图 5-54　定植类型

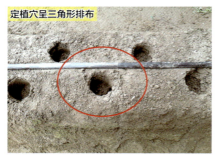

图 5-55　定植穴要求

常用定植铲

定植叉：常用于基质栽培或砂地

打孔器

图 5-56 定植工具

将存放种苗的纸箱摆放在草莓垄上

在塑料箱内临时存放种苗

将草莓苗成捆摆放在后墙下

图 5-57 草莓苗定植时的临时存放

二、草莓定植

1）草莓定植过程：摆苗 → 定方向 → 定深度 → 覆土压实 → 浇水（图5-58）。

① 摆苗

② 定方向
捏住根茎部，弓背朝外，根系顺直

③ 定深度
指甲刚好埋住，说明定植深度适中

④ 定植过浅
拇指指甲露得多，则说明种苗埋浅了

⑤ 覆土
小铲定植时用铲侧面将根尖带入定植穴，可避免窝根

⑥ 压实
定植后用手掌平面将草莓周围的土压实，不要用力过大，以免让草莓根系翘起

图 5-58　草莓定植过程

⑦ 压实后草莓周围土壤要平整

⑧ 用水管缓水慢浇,以浇到畦面见明水为宜

⑨ 水管浇完后开滴灌慢慢浇水

⑩ 滴灌浇至畦面再次见到明水时停止

⑪ 浇完定植水后草莓苗的状态

图 5-58　草莓定植过程(续)

2）定植时的具体要求。见图 5-59~图 5-62。

图 5-59　草莓距离畦外缘 10 厘米

图 5-60　双行错开定植，确保草莓生长空间

图 5-61　边定植、边浇定植水

图 5-62　定植后叶片尽量不要相互重叠

3）卧栽。除了传统的立栽方式以外，卧栽方法由于其种植快捷、种苗成活率高，也在逐步推广使用，其具体操作流程见图 5-63。

① 将草莓畦向下挖深 15 厘米的槽

② 挖的槽其中一侧为直立面

图 5-63　卧栽流程

③ 将草莓苗倾斜码放

④ 株距为 20 厘米左右

⑤ 用土埋住草莓种苗根系的 2/3，稍微压实

⑥ 以沟灌的方式浇足定植水

⑦ 第二天早上覆土，盖住剩余根系

⑧ 覆土后再次浇水

图 5-63　卧栽流程（续）

【小技巧】　卧栽时，浇完定植水，草莓根系露出 1 厘米，在第二天早上再将露出的 1 厘米根系覆盖好，然后再次浇水。第一天根系露出 1 厘米是为了让刚定植的草莓根系能呼吸到氧气。该方法可以极大提高草莓成活率，并且不埋芯，防止出现芽枯病和弱苗现象。

4）侧栽。见图 5-64。

图 5-64　草莓的 3 种侧栽方式

三、定植时应该注意的几个问题

在草莓定植过程中常出现各种问题，从而影响栽培过程及效果（图 5-65~图 5-74）。

未浇足定植水，草莓根系周围易漏气，发根慢

未浇足定植水，草莓缺水萎蔫

图 5-65　未浇足定植水的草莓苗状态

基质栽培时未压实，根系裸露，应去除部分叶片，及时覆盖压实基质，并进行浇水

土壤栽培时未压实，根系周围出现空洞，应覆土压实

图 5-66　草莓定植时土壤没有压实出现的问题

埋住草莓生长点

埋生长点过深

引起叶柄基部腐烂

叶片逐渐萎蔫

引起草莓芽枯病

图 5-67　草莓定植过深出现的问题

图 5-68 定植过深草莓死亡过程：先变弱，埋芯草莓生长点冒出生长，最后死亡

图 5-69 定植过浅，根系容易暴露于空气中，不易生根

图 5-70　定植过密，叶片相互遮阴，易郁闭引发病害

图 5-71　未严格按大小苗定植

图 5-72　补苗结束后及时拔掉垄间备苗，以免影响通风透光

图 5-73　要按照比定植量多 20% 进行备苗，多余的苗进行假植

图 5-74　对多余的种苗进行假植处理，用于补苗

第三节 缓苗期管理

定植后首要任务是促缓苗,提高成活率。草莓缓苗期的长短与草莓品种及是否是裸根苗有关。一般根系有保护的基质苗缓苗快(图 5-75),它们的根系较好,定植后缓苗时间短,需要 3~5 天(图 5-76)。相反,裸根苗由于在种苗收获和运输过程中根系受到伤害较多,根系裸露的时间长,定植后缓苗慢(图 5-77),一般需要 7~10 天(图 5-78)。

图 5-75 定植后的基质苗缓苗快

图 5-76 定植后 10 天的基质苗根系

图 5-77 定植后的裸根苗缓苗慢

图 5-78 定植后 10 天的裸根苗根系

一、水分管理

定植后 7 天左右芯叶开始生长,之后应减少浇水频率,不旱不浇水,保持土壤见干见湿(图 5-79),且尽量在早、晚浇水。对于健壮的种苗，要适当控制水分（图5-80）；对太弱的苗也不能浇水过勤，2天左右浇1次，点浇即可。缺水严重会导致草莓苗死亡（图5-81），及时补种新苗；土壤水分过大也不利于种苗生根，减少浇水量适当干旱，利于草莓生根（图5-82）。

另外，可使用微喷补水（图5-83），微喷带设置条数和喷头个数，根据喷水覆盖面积确定。

图 5-79　保持土壤见干见湿

图 5-80　缓苗后要控水，避免种苗徒长

图 5-81　缺水严重导致草莓苗死亡

图 5-82　土壤水分过大，不利于种苗生根

图 5-83　微喷补水

二、光照管理

灵活控制遮阳网是提高草莓苗成活率的一个重要环节。草莓本身不耐高温,地温超过25℃,根系生长就几乎处于停滞状态。阳光直射、地温高,会严重影响缓苗,降低草莓苗成活率。缓苗期间怎样利用遮阳网合理控制光照见图5-84~图5-88。

图5-84 定植当天,将温室的遮阳网盖严,促进缓苗

图5-85 覆盖遮阳网后的温室内部情况

图5-86 定植第二天,把遮阳网向上拉至距地面40厘米左右处,加强空气流通

图5-87 定植第三天晚上,撤去遮阳网

定植第四天,遮阳网上拉至距地面1米左右处,如果光线太强可以适当再放低些,但不能完全盖严。在下午4:00左右逐步撤去遮阳网,延长光照时间,即使撤掉遮阳网后草莓苗出现轻度萎蔫,也不要紧。定植第五天后,基本去掉遮阳网。生产中常见的问题是长时间遮

阳造成草莓苗看上去成活很好,等撤去遮阳网,草莓苗就会萎蔫甚至死亡。为此,在刚定植后几天中要注意遮阳网的合理使用。

图 5-88　遮阳过度,草莓苗细弱,不容易生根

缓苗后及时去掉棚膜,晴天无棚膜可让阳光直接照射草莓畦,有利于土壤提温(图 5-89、图 5-90)。去掉棚膜的时间尽量选择在下午温度不高时,避免高温时去棚膜造成温度骤降,草莓苗难以适应。

图 5-89　及时去掉棚膜,防止夜温高造成草莓徒长

图 5-90　去掉棚膜让草莓棚晒太阳

定植后 10 天,判断种苗是否成活(图 5-91),对没有生长点的植株要及时补苗(图 5-92)。缓苗期间,不进行植株整理,以免造成伤口致病菌侵染(图 5-93)。种苗成活后,可剪掉老叶、病叶,但要保留长 10 厘米左右的叶柄(图 5-94)。

图 5-91 种苗成活标志

图 5-92 定植后 10 天无生长点的植株

图 5-93 缓苗期间不进行植株整理，以免造成伤口致病菌侵染

图 5-94 定植后 10 天种苗成活，可剪掉老叶、病叶，但要保留长 10 厘米左右的叶柄

三、缓苗期出现的问题

草莓缓苗期是草莓栽培中很关键的一个阶段，也是出现问题比较多的时期，要经常仔细观察，发现问题及时处理。

（1）维修草莓畦　缓苗期间正是雨季，降水较多，常造成畦间积水、塌畦的现象（图5-95~图5-97）。为确保种苗生长，需要及时修补毁坏的草莓畦（图5-98~图5-101）。

图5-95　排水不畅造成畦间积水

图5-96　畦间积水草莓畦垮塌

图5-97　畦面局部垮塌

图5-98　畦面开裂，用小平铁锹背面轻拍畦面

图5-99　对毁坏不严重的畦，若土壤较干可以手工修补

图 5-100　毁坏严重的畦需逐层修补，使修整的畦面略高，防止水流冲刷

图 5-101　修畦时土壤含水量不能过高或在有积水时进行，易造成畦面透气性差

（2）解决新叶反卷　见图 5-102、图 5-103。

图 5-102　新叶反卷的原因是根系发育不良、浇水过多或干旱

图 5-103　干旱叶片反卷的解决措施：早晚浇水，见干见湿；合理使用遮阳网；用药剂灌根

（3）处理低温弱小苗　见图 5-104。

图 5-104　对低温弱小苗，应该及早去掉花蕾以促进植株生长，在②的状态时就应该去掉

图 5-104　对低温弱小苗,应该及早去掉花蕾以促进植株生长,在②的状态时就应该去掉(续)

(4) 应对其他问题　见图 5-105~图 5-111。

图 5-105　根系吸收功能不好,缓苗后适当浅中耕

图 5-106　缓苗期过度遮阳造成草莓细弱徒长　　图 5-107　旧棚膜没及时去掉造成夜温高,草莓苗徒长

图 5-108　如果种苗叶片较大，在定植后 3 天剪掉大的叶片，保留 10~15 厘米长的叶柄和芯叶，利于缓苗

图 5-109　畦间积水要及时排出，以免引起病害和塌畦

图 5-110　对缓苗慢的品种，减少除了浇水外的其他农艺措施

图 5-111　对埋芯苗不要直接向上提，要将周围的土挑开露出草莓芯

第四节 苗期管理

缓苗后到现蕾前这段时间为苗期，此阶段草莓主要是进行营养生长，为开花结果积累养分。前期要进行控水控株，进行蹲苗以促进草莓花芽分化，主要工作是及时中耕除草，逐步去除老叶和叶柄，从而促进根系生长；后期要保证水肥供应，促进植株养分积累。

一、水肥管理

苗期前期，新叶已经冒出，此时避免浇水量过大（图5-112、图5-113），应当适当控制浇水，但不能控水过度，防止缺水（图5-114、图5-115）。适当进行蹲苗，提高种苗抗逆性，促进根系生长，促使植株生长健

图 5-112 畦面上长绿苔，说明浇水量偏大，及时中耕松土

图 5-113 畦面上和沟内同时出现大量绿苔说明土壤中肥料过量，第二年适当少施

图 5-114 控水过度，草莓缺水、叶片反卷

图 5-115 定植后，将草莓畦中间做得略低，便于存水

壮。幼苗期草莓需肥量不大,此时主要是根、叶等营养器官的建造,对氮、钾、钙等营养元素需求量相对大些。

幼苗成活后,一般在有 2 片叶展开时进行追肥,随滴灌追施 20-20-20+TE 的水溶性复合肥 1.5 千克/亩,浇水量为 1 吨/亩左右,促进植株生长,为花芽分化奠定基础。注意:施肥早,易烧根;施肥过晚,不利于花芽分化。

二、中耕除草

中耕除草是苗期的重要措施,中耕有利于提高土壤温度,使畦面土壤疏松、通气性强,其具体操作过程及注意事项见图 5-116~图 5-118。中耕时可结合除草,前期拔大草留小草对畦面有保湿作用,同时降低畦面水分蒸发,具体除草过程及注意事项见图 5-119~图 5-125。

图 5-116 苗期要进行 3 次中耕,畦面松土时距离植株近时要浅,中间要深

图 5-117 第一次草莓畦面板结中耕时短距离轻拉,中耕深度为 0.5 厘米,防止大块移动漏出草莓根系

图 5-118 第二次中耕时深度为 3~5 厘米,近草莓时深 1 厘米

图 5-119 在畦面拔大草留小草

第五章　草莓栽培技术

图 5-120　在畦面适当保留一些小草，增加土壤的通透性

图 5-121　用锄头将畦面上的杂草根部斩断，去掉地上部分

图 5-122　对畦侧面较大杂草，剪掉其地上部

图 5-123　中耕除草时对草莓两侧尽量手工拔除杂草，防止锄头削窄草莓畦

图 5-124　对温室内其他地方的杂草要及时拔除

图 5-125　对温室外的杂草要及时清除，防止病虫传播

三、植株整理

缓苗完成后,草莓生长速度明显加快,要及时进行植株整理,去除老叶、侧芽和匍匐茎,保持养分供应。

(1) 去除老叶　新叶生长到3片时,可将枯叶和烂叶去掉(图5-126),过早摘除老叶易造成草莓苗死亡(图5-127)。去除时,用一只手扶住植株,另一只手轻轻向侧面用力将草莓叶片及基部叶鞘一起去掉,去掉的老叶要及时装袋、带出温室销毁(图5-128)。在摘除老叶时不宜一次性去除,防止影响植株长势(图5-129)。

度过苗期前期后,草莓生长迅速,如果叶片过密,应去掉畦中间相互遮阴的叶片,以从上向下能看到地膜为宜(图5-130)。摘除老

图 5-126　新叶生长到3片时,可将枯叶和烂叶去掉

图 5-127　过早摘除老叶易造成草莓苗死亡

图 5-128　去老叶操作流程

图 5-128 去老叶操作流程（续）

图 5-129 一次性去老叶过度导致伤口过多，需及时用药防护

叶要选择晴天有阳光的天气，在早上露水落后和下午太阳落山之前进行；在摘除草莓叶片时要注意控制水分，当天不要浇水，畦表面干燥时摘叶。

图 5-130 叶片过密，及时去除

（2）去除侧芽 见图5-131、图5-132。

图5-131 侧芽过多会造成相互遮阴

图5-132 要及时去除侧芽，只保留1~2个

（3）去除匍匐茎 保留畦外侧的健壮匍匐茎用作补苗，对其他的及时去除（图5-133~图5-135）。匍匐茎需生长至一叶一芯后才能用来补苗（图5-136）。补苗有3种方式：将匍匐茎小苗压入营养钵中生长补苗；将匍匐茎直接压在畦面缺苗处，待其生根后，剪断子苗；剪下匍匐茎扦插到纸杯中生长补苗（图5-137）。

图5-133 保留健壮匍匐茎用作补苗，对其他的及时去除

图5-134 保留畦外侧的匍匐茎，对内侧的尽早摘除

图5-135 去除匍匐茎时，贴着其根部去掉

图5-136 匍匐茎需生长至一叶一芯后才能用来补苗

将匍匐茎小苗压入营养钵中生长补苗

将匍匐茎直接压在畦面缺苗处，待其生根后，剪断子苗

剪下匍匐茎扦插到纸杯中生长补苗

图 5-137　匍匐茎补苗的 3 种方式

（4）去掉自带的花　见图 5-138。

图 5-138　去掉弱小草莓种苗上自带的花

四、苗期常见问题及解决措施

苗期是草莓栽培中比较重要的时期,这一时期的常见问题及解决措施见图 5-139~图 5-142。

图 5-139 浇水不均,尤其在雨后,遮挡部分容易局部缺水,及时查看并补浇

图 5-140 浇水过频,草莓苗生长过旺,影响后期草莓花芽分化,应适当控制浇水

图 5-141 对旺长苗需控制氮肥施入量

图 5-142 在细弱苗附近及时补种

细弱或旺长苗产生原因及处理方法如下。

(1)**细弱苗产生原因及处理方法** 细弱苗产生的原因有种植时间过晚,草莓缓苗后天气开始转冷,不利于植株生长;种苗细弱,质量不好;遮阳过度;浇水太勤;种植过密;土壤和空气湿度过高,氮肥偏多,管理上未能及时通风透光。

对于细弱苗的管理措施为:

1)用碧护 8000 倍液进行叶面喷施,调节草莓植株体内营养代谢,增加光合作用,促进营养物质的积累。同时,用碧护 5000 倍液进行灌根,促进草莓根系生长。

2）加强肥水管理，用0.2%尿素加0.2%磷酸二氢钾灌根，或者用黄腐酸钾灌根，可取得良好的效果。

3）浅中耕，促进草莓根系快速生长发育。

（2）旺长苗产生原因及处理方法　旺长苗产生的原因有定植过早；种苗较旺；带土坨就近移栽，缓苗时间短；过早追肥等。

对于旺长苗的管理措施为：控制水分，少施速效氮肥；叶面喷施腐殖酸叶面肥、氨基酸叶面肥控制长势；划锄断根；小水勤浇，满足草莓生长需求的同时降低土壤湿度。

五、补苗

定植后，对于死苗或弱苗需集中统一补苗，这样做的好处是避免草莓畦因为经常补苗浇水而造成湿度大，导致易出现白粉病。同时，集中补苗后草莓长势相对整齐。

1）细弱苗补苗操作。对于长势弱的种苗，可在原苗旁边直接补栽一株相对较大的新苗，两株种苗相差不能太大，贴栽后压实浇水，原苗和贴栽的壮苗一起生长（图5-143）。

图5-143　细弱苗补苗操作

2）死苗处补苗操作。对于死苗在原位置补种的，拔除死苗后重新挖定植穴并消毒。最好补种营养钵基质苗，补种覆土后要浇足水（图5-144）。也可以直接将死苗旁边的匍匐茎压到畦上缺苗处。

图5-144　死苗处补苗操作

【小技巧】　为了提高补苗效率，可以提前用木棍标记死苗位置（图5-145），打好补苗定植穴，然后浇足水（图5-146）。

图5-145　用木棍标记死苗位置　　　　图5-146　先打好补苗定植穴，然后浇足水

六、控苗

草莓成活后首先就是控制水分和氮肥,促进草莓养分积累。具体措施为浇水要见干见湿,不要浇大水,多次浅中耕,尽量不使用速效氮肥,但也要防治控苗过度形成僵化苗(图 5-147、图 5-148)。

图 5-147 控苗过度则植株矮小,营养体生长不够

图 5-148 营养体过小,会造成开花结果时营养供应不足,导致花和果实偏小

七、开沟施肥

进入 10 月温度开始明显下降,一般根据草莓生长情况开沟施肥。肥料多以有机无机复混的颗粒肥料、氮磷钾复合颗粒肥、缓控肥料为主。

以 15-15-15 的硫酸钾复合肥为例,面积为 400 米^2(50 米 × 8 米)的温室施用量为 10~15 千克,与 2 千克硫酸钾混合施用。开沟深度为 3~5 厘米、宽 10~15 厘米,且中间深两边浅,把肥料沿沟均匀撒施后用手轻轻搅拌,使肥料和土均匀混合后用浮土盖上裸露的肥料。施肥后要浇水,以后土壤见干时再浇水,有利于节省养分。具体操作见图 5-149。

八、保温设施——安装棚膜和保温被

1. 安装棚膜

扣棚保温是草莓促成栽培中的关键技术,北方地区在 10 月中

图 5-149 开沟施肥

旬，南方地区在 10 月下旬 ~11 月初扣棚保温。当夜间气温降到 4~6℃时开始扣棚保温，即第一次早霜到来之前较为适宜（图 5-150、图 5-151）。

图 5-150　扣棚时草莓的整体长势情况

图 5-151　扣棚时草莓的正常生长情况

（1）扣棚原则　扣棚保温遵循弱苗早扣、壮苗晚扣的原则。弱苗保温过晚，植株易进入休眠状态，会造成植株发育缓慢，严重矮化，开花结果不良，果个小，产量低（图 5-152、图 5-153）。壮苗保温过早，室温过高，不利于腋花芽分化，坐果数减少，产量下降（图 5-154、图 5-155）。因此，适时保温应根据休眠开始期和腋花芽分化状况而定，在休眠之前腋花芽分化之后进行。

图 5-152　弱苗的株高低于 10 厘米，叶面积小于 3 厘米 ×4 厘米

图 5-153　弱苗需保持白天温度为 28~30℃、夜间温度为 12~14℃，直至新叶长出、老叶颜色变浅后即可恢复正常温度管理

图 5-154 壮苗的株高超过 25 厘米，叶面积大于 5 厘米 ×6 厘米

图 5-155 壮苗保温过早，旺苗徒长，花量少

（2）草莓棚膜的选择　棚膜是设施栽培中增温、保温、采光的重要部分，可以避风挡雨，遮阳防雹，同时也可以用来调节温室中草莓的生存环境。衡量棚膜好坏的标准主要是透光性、强度、耐候性、保温性、防雾防滴性等方面。生产上应采用防雾、防流滴、防老化、防尘的"四防"膜，选择不当会影响采光，进而影响草莓生长（图 5-156）。

滴水严重，影响采光升温

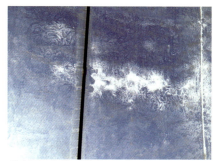
滴水更严重时棚膜结冰，影响采光

图 5-156　棚膜选择不当，在冬季出现的问题

目前常用的棚膜有 PO 膜（聚烯烃膜）、PVC 膜（聚氯乙烯膜）、PE 膜（聚乙烯膜）和 EVA 膜（乙烯 - 乙酸乙烯酯共聚物膜）。

PO 膜选用高级烯烃原材料，采用纳米技术，四层结构，雾度低，透明度高，保温性好，使用寿命长，具有超强的拉伸强度，防静电、不粘尘（图 5-157）。缺点是造价较高。

PVC膜保温性、透光性、耐候性好，柔软，易造型（图5-158）。缺点是薄膜比重大（1.3克/厘米^3），成本增加；低温下会变硬、脆化，高温下易软化、松弛；助剂析出后膜表面吸附灰尘会影响透光性；因为有氯气产生，残膜不能做燃烧处理；雾点较轻，折断或撕裂后，易粘补，但耐低温性不及聚乙烯膜。

图5-157　PO膜（聚烯烃膜）

图5-158　PVC膜（聚氯乙烯膜）

PE膜是选用聚乙烯为主原料开发的一类产品，具有质地轻柔（比重为0.92克/厘米^3）、易造型、透光性好、无毒无味，同等规模的大棚用膜重量可比PVC膜少50%，是我国目前主要的农用塑料薄膜（农膜）品种。其缺点是耐候性差、保温性差、不易粘接。生产中常加入高效光和热稳定剂、紫外线吸收剂、流滴剂、保温剂、转光剂、抗静电剂、加工改性剂等多种助剂，使用先进的设备将不同的原料和不同的助剂分三层共挤复合吹塑而成，突出了各层原料助剂的优点，性能优异。更适合生产的要求。目前PE膜的主要原料是LDPE（高压聚乙烯）和LLDPE（线性低密度聚乙烯）等。

EVA膜对红外线的阻隔性介于PVC膜与PE膜之间。EVA有弱极性，可与多种耐候剂、保温剂、防雾剂混合吹制薄膜，相容性好，包容性强。

不同材质的棚膜具有不同的特性：EVA膜有特别优异的耐低温性；其次是PE膜；含有30%增塑剂的PVC膜在0℃时硬化，抗拉力及耐冲击性极差。EVA膜及PVC膜不适于在高温炎热的夏天应用。PVC膜与PE膜的初始透光率均可达90%，但PVC膜随着时间的推移，透光率很快下降；而 PE 膜透光率下降速度较为缓慢。在草莓生产中一般不使用 PVC 膜，以防产生有害气体而危害草莓。

(3) 安装棚膜的流程

1) 安装棚膜前的准备工作。

① 修整温室的压膜槽。安装棚膜前一定要检修温室所有压膜槽，清除卡槽中的污物，对于松动的要固定，对于严重老化和变形的要及时更换。

② 检修温室地锚。安装棚膜前一定要检修温室的地锚是否松动，铁丝生锈要更换。

③ 适当浇水。在安装棚膜前要适当浇水，可防止草莓突遇高温失水。此次浇水量不要太大，否则不利于安装棚膜。

④ 温室消毒。安装棚膜后，温室内环境会发生很大变化，草莓容易发生病虫害，为此，在安装棚膜前要进行一次植保工作，使用杀虫剂、杀菌剂对温室进行全面消毒。可选用醚菌酯、阿维菌素、阿米西达等药剂，对草莓、草莓畦、温室过道、后墙、温室两侧山墙、温室前脚 1 米处都要均匀喷施。喷药时最好选择连续无风晴天。

2) 安装棚膜。棚膜安装包括 2 块膜安装和 3 块膜安装两种方式。若采用 2 块膜的安装方式（图5-159），高温期可直接打开底风口通风、便于操作。若采用 3 块膜的安装方式，上风口一般在前坡最高处，下风口在距地面 1 米处，但保温性能不好，重叠部分容易积水、积灰尘影响透光性（图 5-160）。目前在草莓生产上，2 块膜的安装方式应用最为广泛。

图 5-159　棚膜 2 块膜的安装方式

图 5-160　棚膜 3 块膜的安装方式

以下为2块膜安装方式的具体流程。

安装顶风口防虫网→底风口防虫网→安装腰膜（大膜）→安装顶膜（小膜）→拴风口绳。

先安装防虫网，防止蜜蜂逃出和有害昆虫进入。防虫网一般为白色或银灰色，顶风口安装1.5米宽的，底风口安装1.8米宽的，安装时拉直并固定（图5-161）。

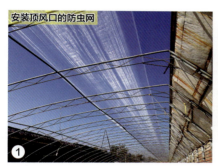 

图5-161　安装防虫网

安装棚膜最好选在早上无风时（图5-162），在安装时按照膜上的标识确定正反面（图5-163）。首先安装顶膜（图5-164）。安装前先在下层安装铁丝网，起到支撑作用，防止后期使用时积水。将顶膜一端拉直、绷紧，用卡簧固定在后坡板的C型钢上，两侧固定在东西山墙卡槽内，将顶膜拉直，有绳子的一边放在大块膜上面，2块膜间相互重叠30厘米左右，顶膜前边拴2根直径为0.3厘米的细绳，用于开关风口。

 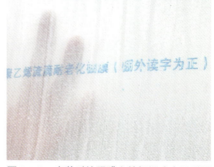

图5-162　安装棚膜选择早上无风时　　图5-163　安装时按照膜上的标识确定正反面

图 5-164　安装顶膜

安装完顶膜后开始安装大膜（图 5-165）。将棚膜铺平拉展，在顶部搭茬 30 厘米。安装时先固定一侧，拉展棚膜，再固定另一侧。安装时要使棚膜绷紧，不得有褶皱，用压膜卡槽和卡簧将其固定在东、西山墙上，卡簧要完全压在卡槽内，防止弹出脱落。安装好后，及时安装压膜绳，以防大风对棚膜造成损坏。压膜绳直径为 0.8 厘米。将其顶部固定到后坡横拉筋上，将压膜绳穿过保温被并顺直，下部拴到地锚上。

3）安装棚膜时的注意事项。一是铺放棚膜时在地上铺一层旧棚膜，避免棚架划破棚膜（图 5-166）；二是如果安装时棚膜破损，及时用专用胶带粘补，用竹竿顶着泡沫塑料板，上下压紧，利于胶带粘得更牢（图 5-167）。

图 5-165　安装大膜

图 5-165 安装大膜（续）

图 5-166 在地上铺一层旧棚膜

图 5-167　安装时棚膜破损，及时粘补

（4）扣棚后管理　扣棚保温后草莓生长环境发生变化，为确保其正常生长，需加强扣棚后的日常管理，具体操作内容及注意事项见图 5-168~图 5-173。

图 5-168　扣棚后进行温度管理时，风口不能关小，会造成温室内温度过高　　图 5-169　夜间只要没有霜冻就不放棚膜，同时将顶风口开到最大

图 5-170　未开风口导致温度过高，会造成徒长　　图 5-171　温度过高不利于草莓花芽分化，应该通风降温

图 5-172 扣棚后温度高、蒸发量大，需要及时补水

图 5-173 基质缺水的状态，扣棚后需浇透水，以看到畦侧有水渗出为宜

1）扣棚后要补充叶面肥。叶面喷施肥料时草莓吸收较快，而草莓进入花芽分化后期需要肥料较多，因此除土壤根部施肥，此时还要进行叶面喷施以满足草莓对养分的快速需求。在北方，土壤大部分是偏碱性的，易出现土壤缺磷症状，这个阶段最常用的叶面肥就是磷酸二氢钾，喷施效果最好。磷酸二氢钾中的钾离子和磷酸根离子，能直接被植物吸收利用，效果快而明显。常用的喷施剂量为 0.1%~0.3%。

2）扣棚后要注意防止草莓叶片焦边。草莓扣棚后很容易出现叶片边缘焦黄干枯状。叶片焦边主要是由于氨害、乙烯和氯气所导致的。

① 氨害。氨气是草莓温室栽培中常见的一种有害气体。草莓发生氨害时，常表现为叶片急速萎蔫，随之凋萎干枯呈烧灼状。氨气主要来源于未经腐熟的鸡粪、猪粪、饼肥等。在相对密闭的温室中，高温发酵会产生并积累大量氨气。另外，过多使用碳酸氢铵和施用尿素后没及时浇水，肥料裸露在外面也能产生大量氨气。当温室氨气含量达到 5~10 微升/升时，就会对草莓产生毒害。花、幼叶边缘很容易受害。

对氨害的防治措施为：首先，在棚内施用的有机肥一定要充分腐熟，如果未充分腐熟，要选连续晴天时结合浇水追肥，饼肥和其他有机肥要及时翻入土内。其次，尽量少施或不施碳酸氢铵，施用尿素时尽量沟施或穴施。最后，在保证温度要求下，及时开风口通风换气，排出温室内的有害气体。在低温季节，要谨防温室长期封闭，在确保草莓适宜生长温度的前提下，尽量多通风换气，尤其是在追肥后几天内，更应注意通风换气。当发现是氨害时，一要及时通风排气；二要快速灌水，降低土壤肥料溶液浓度；三可在植株叶片背面喷施1%食用醋，可以减轻和缓解危害。不能喷施任何的杀菌剂和生长调节剂，否则会加重毒害。待草莓恢复后，方可喷施杀菌剂和叶面肥进行防病和营养调理。

② 乙烯和氯气。乙烯和氯气主要来源于PVC（聚氯乙烯）棚膜，当温室内温度超过30℃时，棚膜就会挥发出乙烯和氯气。当其量达到1毫升/升以上，便会影响草莓的生长发育，出现受害症状。乙烯主要作用是加快草莓衰老、叶片老化、产生离层，造成花、果、叶片脱落，或果实没有长够大就提前成熟变软，降低草莓产量和商品性。氯气可使草莓叶片褪绿变黄、变白，严重时枯死。扣膜后尽量不要在温室中堆放棚膜，防止棚膜释放出有害气体。

2. 安装保温材料

（1）保温材料的选择　保温材料安装正确与否直接影响保温效果，是草莓冬季生产成功与否的关键。常见的保温材料有保温被和草苫子（图5-174）。随着保温材料的发展，保温被由各种材料制作（图5-175），以便于拆卸、保温效果好的逐渐成为主导。保温被应既保温也不能太轻，防止被风掀起；但也不能太重，否则不易卷起，易损坏电机机头。生产上常用厚度为3厘米、重1千克/米²的保温被，外层为白色、防水、阻燃、-25°时导热系数为0.03瓦/米开左右。

图5-174　常见的保温材料

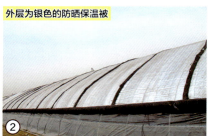

图 5-175 各种材料的保温被

（2）保温材料的安装　在安装前必须在后墙上做预埋或安装装置，保温被应该长出棚脊 30 厘米，安装完成后在棉被两侧和中间用紧车带拉紧，防止被风吹起（图 5-176）。

① 在安装前必须在后墙上做预埋或安装装置

② 保温被应该长出棚脊 30 厘米

③ 要把保温被固定在底部横杆卷轴上

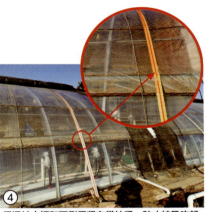
④ 保温被中间和两侧用紧车带拉紧，防止被风吹起

⑤ 在保温被迎风处多加两道紧车带

图 5-176　保温被的安装过程

　　保温被卷帘机位置根据卷帘机类型不同而有所不同。常见的卷帘机有温室支杆式卷帘机、温室卷轴式卷帘机和温室轨道式卷帘机（图 5-177）。温室支杆式卷帘机又可分为前中置温室卷帘机、前侧置

温室卷帘机。前中置温室卷帘机的电机安装在温室中间，两边受力比较均匀，但中间一条保温被卷起较麻烦，容易在温室内形成一条遮阴区域；前侧置温室卷帘机的电机安装在温室一端，但容易受力不均匀，所以对设备要求较高。温室卷轴式卷帘机，受力均匀，对后墙承重要求低，是目前生产上大力推广的保温被卷帘机类型。温室轨道式卷帘机，对温室要求比较严格，技术难度高，应用较少。

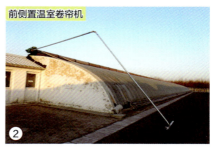

图 5-177　保温被卷帘机类型

（3）几点注意事项

1）保温被维护。每年进入 5 月后，保温被必须进行无光（用草帘或者其他材料遮光隔热）、密封（用薄膜密封包扎）、常温储存，温度不得高于 35℃，超过 35℃以上必须进行拆卸储存（不进行密封无光储存的产品，高温光解会造成塑料老化，影响正常使用）。第二年安装时，要检查保温被是否有破损，如果破损不严重，及时用专用胶带粘贴（图 5-178）；如果破损严重无法使用，及时购买新的保温被。

2）保温被的平接方法。首先，将 2 块保温被同色相靠，边对齐，然后，在离保温被边 5~6 厘米的地方打小眼，同侧被边眼与眼之间的距离为 20 厘米左右，用大于 3 毫米的耐老化尼龙绳串上扎紧打结。最后，展开压平。采用该方法平接的保温被平整、密封、节约面积。

图 5-178　保温被修补

九、覆盖地膜

地膜覆盖是塑料薄膜地面覆盖的简称，是现代农业生产中既简单又有效的增产措施之一。进行地膜覆盖可提高土壤温度，提高土壤保水、保肥能力，改善土壤理化性状，防止地表盐分富集；因其反光作用可增加光照，还可降低温室内的空气湿度，从而防止病虫害的发生；可使草莓生长健壮，各生育期相应提前；可防除杂草，节省劳动力，节水抗旱。

（1）常见地膜种类　见图 5-179~图 5-183。

图 5-179　黑色地膜应用最广，多为 PE 膜（聚乙烯膜），可降低透光率，抑制杂草生长

图 5-180　黑白两色地膜，乳白色向上能反光，黑色向下能灭草，高温除草效果好

图 5-181 银灰地膜能反射紫外线，降温、保湿、驱避蚜虫，利于果实着色

图 5-182 白色地膜有利于快速提高地温，但容易膜下积水，长杂草

白地膜膜下积水，根基部湿度较大，遇低温容易患芽枯病

白地膜容易生长杂草

图 5-183 白色地膜的缺点

（2）覆膜前准备　见图 5-184～图 5-188。

然后要整理滴灌带，确保滴水均匀。如果畦面很高就在畦面上挖一条浅沟，将滴灌带顺直。如果植株低于畦面，不严重的要稍添点土，如果比较严重，要用消毒的秸秆垫在下面，垫秸秆时要垫得稍高点，因为滴灌带充满水时会下压，秸秆下陷，影响滴

图 5-184 覆膜时间以扣膜保温后 7~10 天为宜，将底部老叶去掉进行植保

灌效果。在经过整理的畦面上把滴灌带顺直，用铁丝弯成U形固定在畦面中央。

图 5-185　培土，尽量不要裸露草莓根系

图 5-186　整理后畦面要平整细碎，以便地膜能服帖

图 5-187　覆膜前一天浇小水，并在畦面撒施硫黄粉进行温室消毒

图 5-188　硫黄粉不能过量，以免造成土壤酸化

（3）覆膜具体流程　地膜是利用很薄的塑料薄膜紧贴在地面上进行覆盖的一种栽培方式。具体覆盖流程见图 5-189。根据垄宽选择地膜宽度，一般选择幅宽为 90~120 厘米，再根据畦长度进行裁剪。地膜长度要超过畦面 1 米，使两端都有余量埋入土中，保持覆膜的严密性；在盖膜时把膜顺平，垄间至垄间铺在草莓上，抻平使膜面不皱；

图 5-189　覆膜具体流程

然后破膜提苗（图 5-190）；用两块地膜，重合在草莓畦中间，搭茬处要紧密盖住，两块膜搭茬重合长度不少于 20 厘米。

① 用手比着草莓苗位置破膜，以确保破膜位置正对着草莓苗

② 破膜时要随盖随破，破洞尽量要小，以免影响地膜增温保墒

③ 将右手拇指和食指伸进破好的洞里，左手稍按着膜

④ 用右手拇指和食指将草莓苗提出来

⑤ 将草莓苗地上部全部掏出，否则遗留下的叶片易霉烂，滋生致病微生物

⑥ 覆膜后要将地膜贴在畦面上，草莓叶片全部露出膜外

图 5-190 破膜提苗

（4）覆膜时的注意事项　见图 5-191~图 5-196。

图 5-191　铺膜应在无风下午，避免在早上叶片较脆时操作，防止折断叶片和叶柄

图 5-192　铺膜时严禁在地上直接拉膜，防止地面尖锐物划伤地膜

图 5-193　防止铺膜时地膜抖动：可用装土的塑料袋每隔一段压一下

图 5-194　若地膜重合处过短，可用育苗小卡子固定，防止地膜覆盖不严

图 5-195　也可以用提前打好孔的地膜，直接种植在孔下面

第五章 草莓栽培技术

① 若覆膜时苗较大，可用两块膜方式剪口覆膜，不用提苗

② 将剪口两边从草莓苗周围绕过

③ 将膜拉平、拉紧，并固定连接处

④ 若覆膜时苗较大，也可用3块膜方式覆膜

⑤ 裁剪出3块膜，分别覆盖在畦两侧及畦中间

⑥ 将膜拉平、拉紧，并固定连接处

图 5-196 苗较大时的覆膜流程

（5）覆膜后管理 铺完地膜后要及时浇小水，使地膜和畦面贴紧。还要及时将折断的老叶、病叶去掉，并整体用杀虫杀菌剂进行植保。

第五节 现蕾期管理

草莓现蕾时间不仅和品种有很大关系，还与种苗大小、营养状况、种苗是否经低温处理有很大关系。早熟品种现蕾、开花较早，一般情况下进入 10 月中下旬草莓开始现蕾。

一、温度管理

在草莓现蕾期，无论是初期还是后期（图 5-197），都要控制适宜的温度，草莓花序才能正常生长，超出草莓叶片，露在叶外。温度过低否则容易造成花序抽生短（图 5-198），植株矮小（图 5-199），更严重者导致叶片黄化（图 5-200）；夜间高温又会造成植株徒长（图 5-201）。

现蕾率低于 50% 时，温度白天维持在 22~25℃、夜间维持在 5℃左右。现蕾率达到 80% 以上时，提前一天浇足水，第二天早晨通风以后，闭棚升温，让温度尽快提升到 28℃。当温度达到 28℃时，将顶风口开一个小缝隙（图 5-202）；温度上升到 30℃时，逐渐加大风口，棚内最高温度控制在 32℃以内，夜间温度维持在 10~12℃，尽可能长时间的维持较高温度，以促进草莓开花，控制花期一致。这样的高温时段维持 4~7 天，直到草莓开花率达到 80%。之后白天温度维持在 22~26℃，夜间温度为 6~8℃，可用温度计监测室内温度。

图 5-197　草莓现蕾期

图 5-198　低温下草莓花序抽生短

图 5-199　低温下植株矮小　　　图 5-200　低温下草莓叶片黄化

图 5-201　夜间高温造成草莓徒长　　图 5-202　利用保温被收放控制顶风口大小，调控温度

二、水肥管理

草莓现蕾期对水分要求比较严格，浇水过多，草莓容易徒长，

草莓花蕾较少；相反，浇水过少，易造成干旱，草莓的花芽分化受阻会产生草莓花畸形（图5-203），或是草莓缺钙（图5-204），花的萼片褪绿干枯。每亩浇水量为1.5~2吨，5~7天浇1次（图5-205）。每5天左右叶面喷施0.3%磷酸二氢钾。

图5-203　干旱造成草莓花萼片干枯

图5-204　干旱下草莓叶片容易缺钙

图5-205　每亩浇水量为1.5~2吨，5~7天浇1次

三、植株整理

草莓现蕾期一般不宜过多去除叶片，以免影响草莓的物质积累，但若草莓叶片过多、过密就要适当去除，保持通风透光，也利于后期草莓开花授粉。

草莓栽培中流行这样的一句话"疏果不如疏花，疏花不如疏蕾"，及早疏掉弱小的花蕾有利于草莓将养分集中供应大花蕾（图5-206）。

图 5-206 疏蕾流程

四、植保管理

由于覆盖了地膜，不容易发现局部缺水情况，容易造成红蜘蛛局部发生。应提前进行红蜘蛛的防治。在草莓开花后尽早释放捕食螨做提前防治、当局部发现红蜘蛛应及时防治，还要利用小喷壶简单、方便操作的特点，对发病区域局部防治，应随时发现随时防治，最后用药全部防治。如果病虫害发生严重，可以使用烟剂。烟剂一般每亩使用量为 6~8 枚。

第六节　花期管理

只要温度和湿度合适，草莓花即可连续开放（图 5-207）。花期为草莓生长的敏感时期，也是决定草莓丰产与否的关键时期。花期对外界环境比较敏感，整体应坚持恒温管理，此阶段以促花、保花为目的，要适当增加硼、镁等微肥的施用，及时疏除弱花弱蕾，保证草莓养分的供应，为后期丰产打下坚实基础。

一般从现蕾到第一朵花开放大约需要 15 天，此时进入初花期；当开花率大于 80% 则进入盛花期，此时温度控制在白天 25℃、夜晚 5~8℃；当大部分草莓已坐住 3~5 个果，坐果率达到 80% 以上，则进入末花期（图 5-208）。

图 5-207　草莓的开花过程

图 5-208　草莓的花期

一、温度管理

花芽分化的适宜温度为 8~13℃。开花对温度要求很敏感，最适宜的温度是 22~25℃。温度过低，花粉发育不好甚至败育，严重者花受到冻害。低温还会导致花瓣不易脱落，有时花瓣颜色变红，这个症状需和白粉病区别开（图 5-209）。除了影响花的生长，低温还会影响整个植株，严重者整株受冻（图 5-210）。

图 5-209　低温对草莓花的影响

图 5-210　低温对草莓的影响

③

④

图 5-210　低温对草莓的影响（续）

二、水肥管理

具体水肥管理见图 5-211~图 5-214。具体施肥标准可参考附表 A-1。

花粉发芽的适宜湿度为 40% 左右，花药开裂的最高临界湿度为 94%。温室内湿度大或连续阴天会妨碍草莓花药开裂，所以花期要适当开风口，加强放风。

图 5-211　晴天温度升到 20℃ 开始浇水，1~1.5 吨/亩，5~7 天/次

图 5-212　喷施叶面肥如 0.2% 硼砂溶液，有助于草莓授粉

图 5-213　浇水打药后开风口加大通风，降低湿度

图 5-214　定期检查根部，若根系周围长期积水，会导致土壤起绿苔，应该中耕

三、植株整理

植株整理要求见图 5-215~图 5-219。

图 5-215 去老叶,重点摘除草莓畦中间的叶片,原则上摘去 1~2 片,留 5~7 片,不能过度摘叶

图 5-216 及时摘除匍匐茎

图 5-217 生产上通常要疏去过多的侧花序,只留 1~2 个侧花序

图 5-218 疏除弱花弱蕾,植株花量小则不着急疏除,等花量大了再摘除,分批进行

图 5-219 早期弱花弱蕾都向上翘起,容易识别;畸形花也要及时摘除

四、花期授粉

1. 放置蜂箱

花期温室内温度较低、湿度大、日照短,授粉容易受到影响。而进入盛花期,现蕾、开花数量大量增加,为了提高授粉率,在温室内放置蜂箱,利用蜜蜂辅助授粉。每400米^{2}温室放置1箱(4000只左右)。放置蜂箱的注意事项见图5-220~图5-231。

图 5-220 利用蜜蜂辅助授粉,提高授粉率

图 5-221 蜜蜂出巢最适温度为15~25℃,温度过低则蜜蜂出巢率低

图 5-222 蜂箱摆放在温室自东至西40米处为宜,巢门面向东北角

图 5-223 蜂箱下方垫凳子,保持巢门与草莓花朵处在同一水平线上

图 5-224 立体栽培的草莓,蜂箱要用支架架起

图 5-225 出蜂口半开

图 5-226　低温期，蜂箱通气口保持适当关闭状态

图 5-227　通气口在早上太阳没出来之前打开

图 5-228　将葡萄糖溶液放置在蜂箱上方，促使蜜蜂出巢

图 5-229　在蜂箱上方放置蜂粮，利用甜味诱导蜜蜂出巢

图 5-230　寒冷时，用旧棉被将蜂箱四周包起来以提高蜂箱温度、留出蜜蜂通气孔和进出通道，促使蜜蜂出巢

图 5-231　低温短日照时期，草莓生产上也可用熊蜂辅助授粉

2. 人工辅助授粉

除了利用蜜蜂辅助授粉，在极端天气下，还可采用人工授粉（图5-232）。在授粉时最好使用毛笔，在花瓣内侧花蕊的外侧扫一遍雄蕊，再扫两遍另外一朵花最中间凸起部分（雌蕊）。尽量采用异花授粉，提高坐果率。为保障授粉效果，人工授粉时间最好选择在中午11：00~12：00，下午1：00~3：00，多次重复授粉。

图 5-232　用毛笔进行人工授粉

五、植保管理

花期是病害防治的一个敏感时期，在花期最好不要进行任何喷药喷肥操作，以免造成草莓畸形果。采用叶面喷施的方法防治病害，会导致温室内湿度过大，加重病虫害的发生。可选用硫黄罐熏蒸（图5-233、图5-234）和烟剂防治病虫害。

使用烟剂时，将棚温控制在16℃以下，高温容易出现药害；烟剂一般在傍晚使用，有利于药剂在植株上附着；烟剂不能和杀虫、杀菌剂混用，否则会产生一氧化硫、一氧化碳中毒；蜂箱及时搬出温

图 5-233　硫黄罐置于离地面 1.5 米高处，放入硫黄粉，放 20 克即小罐的 1/3 即可

图 5-234　晚上放下保温被后，密闭棚室，每天熏蒸 4 小时

室，避免蜜蜂受害。

在使用硫黄罐熏蒸防治病害时，严禁掺入杀虫剂，或是超时间使用，否则很容易造成药害（图5-235）。

图5-235　草莓药害（喷药3~10天发展过程图）

第七节　果实管理

在北方日光温室促成栽培中，从12月到第二年5月草莓从开花到果实成熟所需要的天数，因品种、栽培方式和气候条件不同而有差异，需50天左右。一般进入12月中下旬，日光温室里的草莓已经陆续开始成熟，直至第二年6月。草莓果实成熟通常分为4个阶段（图5-236），草莓落花后13~18天为幼果期，19~30天为膨果期，31~40天为转色期，41~50天为成熟期。不同时期对温度、光照、水肥需求不同，采取的管理措施也不一样。其中果期的水肥管理标准可参考附录。

一、幼果期管理

落花后13~18天为幼果期（图5-237），此时草莓果实大小变化不明显，但此时草莓果实体内细胞数量快速增加，对外界环境因素比较敏感，要精细管理。

图 5-236　草莓从花蕾期到成熟期的发育过程

（1）温度管理　见图 5-238、图 5-239。

图 5-237　幼果期

图 5-238　幼果期温度管理：白天 20~25℃、夜间 5~8℃

图 5-239　夜温过高或者氮肥施用过多容易导致草莓徒长，株高超过 40 厘米

（2）水肥管理　冬季温室草莓肥水管理的重点是协调好浇水与提高地温、降低棚内湿度的关系。幼果期浇水时间在晴天上午，要小水勤浇，每 7~10 天浇水 1 次，灌水量每亩为 2~3 吨。浇水后，开小风口进行通风排湿，以便能尽快恢复地温（图 5-240）。

幼果期要进行追肥以补充养分。随水追施 19-8-27+TE 水溶性肥料，每亩施肥量为 2~3 千克。施肥时先配母液，施肥前后浇清水，保证施肥均匀，不堵塞滴灌管。

在注重全元素肥料使用的同时，适当补充硼肥、镁肥等叶面肥（图 5-241）。可叶面喷施 0.2% 硫酸镁溶液来补充镁肥，补充硼肥可叶面喷施 0.2% 硼砂溶液，加少量尿素可促进硼元素的吸收。另外，此时草莓容易因生理性缺铁导致叶片黄化，可通过叶面喷施 0.2% 硫酸亚铁溶液进行补充，促进根系生长。

图 5-240　加强中耕，提高地温，促进根系生长　　图 5-241　喷施硼肥、镁肥等叶面肥

（3）疏花疏果　在幼果期的管理过程中，尽量不摘叶（图5-242）。草莓日系品种是多歧花序（图5-243、图5-244），欧系品种为单柄花序（图5-245、图5-246）。无论什么品种，此时草莓结果量大，需要经常疏除小果、畸形果使养分集中供应大果，从而提高草莓的商品性，直接提高草莓的经济效益。要根据草莓长势做好疏花、疏果工作（图5-247~图5-256）。

图5-242　幼果期尽量不摘叶，植株整理会制造伤口，且削弱植株长势

图5-243　日系多歧分支状草莓结果情况

图5-244　日系多歧分支状果实分级

图5-245　欧系单柄草莓结果情况

图5-246　欧系单柄草莓批次结果量

图 5-247　草莓疏果原则是先疏除畸形果，依次是病虫果、残次果、弱果

图 5-248　对日系疏果后，健壮植株每个花序留果 3~5 个，一株草莓留果以 8~15 个为宜

图 5-249　对欧系疏果后，1 株草莓留果以 10~20 个为宜

图 5-250　授粉不均造成的草莓畸形，尽早摘除

图 5-251　摘除畸形果过晚，影响其他草莓生长

图 5-252　对弱小苗，升温后应及时摘除草莓果实以促进植株生长

图 5-253　深休眠品种在保护地种植时需冷量没有达到就升温开花结果的状态

图 5-254　种植时弓背朝内种反的植株，及时用育苗卡固定予以纠正

图 5-255　苗小逢低温时期掀开地膜在畦中间铺碎麦秸，有利于提高温度、降低湿度

图 5-256　低温花瓣不易脱落，在疏果时及时清理花瓣，防止引起灰霉病

二、膨果期管理

草莓落花后19~30天，体积开始快速膨大，为膨果期（图5-257）。此时期对养分需求量急剧增加，在此期间应大量补充养分，着重补充磷、钾肥，采取大温差管理，增加干物质积累。

（1）**温度管理** 见图5-258、图5-259。

图5-257 膨果期草莓开始快速长大

图5-258 膨果期温度管理：白天25~28℃、夜间3~5℃，大温差管理

膨果期，为尽量延长有效高温时间，在早上通风换气后，合上风口；当温度上升到27℃时，开小风口；温度继续上升至30℃时，风口适当拉大开始降温；当温度下降到25℃时，缩小风口，风口宽度保持在2厘米左右，让棚内尽量保持长时间较高的温度，促进草莓生长。对

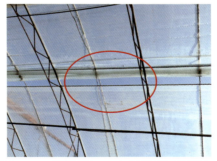

图5-259 用棚膜风口大小来调控温度和湿度，每天至少3次开关风口调节棚内温度和湿度

于持续低温的天气，在早上或中午都要进行短时间换气，不但可以散掉棚内污浊空气，还可以补充二氧化碳，禁止长时间闷棚。

（2）**水肥管理** 果实膨大期不能缺水，土壤湿度应保持在80%左右，每5~7天浇水1次。此时需要磷、钾肥较多，补充时最好与氮肥配合使用，能够促进营养元素吸收。可用0.2%磷酸二氢钾加

0.1% 尿素溶液进行喷施。喷施时可加入碧护,每 15 千克水溶液加入 2 克碧护进行喷施。对旺长植株,可叶面喷施 8% 氨基酸钾,控制植株长势(图 5-260)。为提高果实硬度和单果重,可追施 0.2% 糖醇钙(图 5-261)。其他具体施肥标准可参考附录。

图 5-260 对旺长植株,可叶面喷施 8% 氨基酸钾,控制植株长势

图 5-261 为提高果实硬度和单果重,可追施 0.2% 糖醇钙

在保护地冬季栽培中,还需补充二氧化碳(图 5-262~图 5-265)。常用的方法是悬挂二氧化碳气肥袋。这种气肥袋能够持续地释放二氧化碳气体,既方便又高效。

(3)光照管理 增加温室的光照,有利于草莓生长。生产上应用最广泛的是安装补光灯进行补光,进行增光处理。光源分为红橙光、蓝紫光、白炽光等(图 5-266)。红橙光光源对草莓而言光合效率相对较高,蓝紫光次之,绿光最差。每盏 100 瓦灯约照 7.5 米^2,将灯悬

图 5-262 二氧化碳气肥袋一般每亩用约 20 袋,可连续使用 30~40 天

图 5-263 气肥袋悬挂的高度是植株上方 0.5 米的位置

图 5-264 利用秸秆生物反应堆二氧化碳微孔输送带补充二氧化碳

图 5-265 利用二氧化碳发生器

挂在 1.8 米高处（图 5-267），每间隔 10 米悬挂 1 盏，每天下午闭棚后加照 5~6 小时（图 5-268）。另外，还可在草莓棚室内的北侧弱光后墙处挂一道宽 1.5 米的反光幕，能明显增强棚室北侧的光照，增强植物的光合作用（图 5-269）。

图 5-266 补光灯光源种类

图 5-267　补光灯间距 8 米，一般温室内放 5~8 个

图 5-268　一般在闭棚后补光 5~6 小时

图 5-269　后墙悬挂反光幕补光，提高草莓着色度

还应及时清洗棚膜，增加棚膜的透明度，提高透光率（图 5-270、图 5-271）。另外防虫网也要及时清洗（图 5-272），叶片灰尘也需及时清除（图 5-273），提高温室温度，促进草莓光合作用。草莓生产中要注意周围环境，防止遮阳严重，导致植株矮化，进而影响产量（图 5-274~图 5-277）。

（4）悬挂黄板和蓝板　在温室中悬挂黄板、蓝板，可有效控制害虫发展（图 5-278、图 5-279）。黄板和蓝板具有以下优点：绿色环保，无公害，无污染，诱虫效果显著；在板面双面涂胶、双面覆膜、双面诱杀，提高诱杀效果，降低虫口密度，减少用药；高黏度粘虫胶，高温不流淌、抗日晒、抗风干耐氧化，持久耐用，棚室内使用时间达 6~12 个月；操作方便，使用时不粘手、开封即用，省时省力。温室内距离畦面高 30 厘米处，每隔 4 米多行悬挂黄板、蓝板。

图 5-270 棚膜内的水气和水滴应及早擦去，否则增加棚内湿度

图 5-271 及时清洗棚膜，保持棚膜洁净

图 5-272 防虫网与棚膜上有大量灰尘造成遮光严重

图 5-273 叶片灰尘影响草莓光合作用

图 5-274 棚前建筑物遮阳可导致草莓矮化

图 5-275 建筑物遮阳严重，影响后墙管道栽培草莓

图 5-276 棚前树木遮阳对草莓的影响

图 5-277 草莓套作葡萄时，葡萄应及时修剪，否则对草莓遮阳严重

图 5-278　黄板、蓝板规格为 30 厘米 ×40 厘米

图 5-279　黄板、蓝板悬挂方式

（5）植株整理　见图 5-280、图 5-281。

图 5-280　结果后摘除畦中间相互重叠遮阴的叶片，避免田间郁闭　　图 5-281　在草莓生长过程中及时疏花疏果

三、转色期管理

草莓落花后 31~40 天为草莓转色期,果实颜色由绿色转为白色(图 5-282)。白天温度为 22~25℃,夜间为 5~6℃。在草莓果实七分熟时控制氮肥使用量,降低磷肥使用量,否则果实发黑发紫,影响其品质。由于温度和光照不同,草莓经常会出现阴阳果,要及时转果(图 5-283)。转果时要轻拿轻放,在转果时要轻压一会,防止草莓再转过来。为了增加草莓风味,可在此阶段随水追施发酵有机肥、饼肥、沼液、麻渣等。

图 5-282　草莓果实开始转色
(标准是看最早转色的果实)

图 5-283　对阴阳果及时转果,
让草莓着色均匀

四、成熟期管理

进入 12 月中下旬,草莓已经陆续开始成熟(图 5-284)。草莓果实表面着色面积达到 80%~85% 时即可采收,采收时间最好在清晨露水已干或者傍晚转凉后。为了保证草莓的品质,草莓成熟期基本不打药,各种病害主要是预防为主。可通过硫黄熏蒸及烟剂来防治草莓白粉病和灰霉病。为确保食品安全,使用烟剂后 3 天内不采摘果实。

(1) 温度管理　成熟期温度为白天 18~22℃、夜间 5~6℃(图 5-285)。夜温过高,植株徒长,草莓果实成熟快、果实小(图 5-286、图 5-287)。此时天气寒冷,早上温度较低时适当晚开棚,防止棚膜结冰影响透光和保温,采用逐步升被法减少棚膜结冰(图 5-288)。

图 5-284　成熟期整棚景象

图 5-285　成熟期温度管理：白天 18~22℃、夜间 5~6℃

图 5-286　夜温过高，植株很快就徒长

图 5-287　夜温过高，草莓果实成熟快、果实小

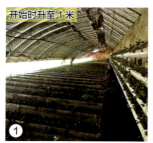

图 5-288　寒冷季节早上温度较低时适当晚开棚，防止棚膜结冰影响透光和保温，采用逐步升被法减少棚膜结冰

草莓第一茬果成熟时期正值外界温度较低时期，要注意温室保温，防止棚温过低导致草莓受害。为了保证温室温度，常规类的保温措施有双层幕保温（图 5-289~图 5-291）、温室墙体保温（图 5-292、

图 5-293)、棚前角保温（图 5-294），以及温室内靠门位置设置风挡等其他保温措施（图 5-295）。除了常规类保温措施，遇到极寒、雪天等低温天气，还可安装太阳能温水浴、暖气加温、热风机等增温设备来提高温室温度。

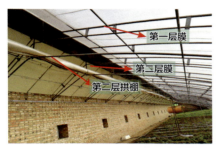

图 5-289　双层幕保温结构

图 5-290　打开双层幕保温

图 5-291　温室内临时搭建拱棚双层幕保温

图 5-292　后墙加装薄膜保温阻止后墙散热

图 5-293　墙体保温层施工过程

图 5-293　墙体保温层施工过程（续）

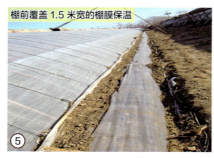

图 5-294　棚前角不同方式保温措施

图 5-295 其他保温措施

（2）水肥管理　见图 5-296~图 5-301。草莓属于浆果，喜湿不耐湿，既要保证水分充足以确保草莓正常生长需求，又不宜过多，否则容易出现各种病害和果实品质下降。

图 5-296　草莓快要成熟时，适当控制浇水量以增加甜度，每 7 天 / 次，每次 2 吨 / 亩

图 5-297　草莓快要成熟时，增施含钾量高的肥料以增加甜度

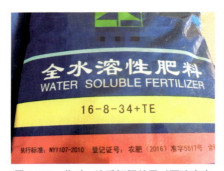

图 5-298 此时,注重钾肥的同时要注意中微量元素肥料的补充,保证草莓持续开花坐果

图 5-299 施肥时一定要将肥料提前配成母液,二次稀释合理倍数后才能使用

图 5-300 加施叶面肥,可叶面喷施 0.2% 磷酸二氢钾

图 5-301 可叶面喷施或根外追施氨基酸蛋白类型肥料以提高草莓风味

（3）**湿度管理** 随水追施肥料要选择晴天上午 10：00 左右、温室温度升起来时进行,便于排除湿气,湿度太大容易烂果（图 5-302、图 5-303）。浇水后注意开风口通风换气,防止湿度过大,直至棚膜上没有水滴后再逐渐关闭风口（图 5-304、图 5-305）。棚膜产生流滴后,晚上一定不要将风口关得很严,棚温适当低点也不能湿度大（图 5-306）。如果畦底部积水,可将地膜打洞,将积水引入膜下（图 5-307）；畦间积水可在过道铺设秸秆,防止湿度过大（图 5-308）。

图 5-302　随水追施肥料选择晴天上午 10：00 左右

图 5-303　温室内湿度大则草莓容易烂果

图 5-304　浇水后注意开风口通风换气，防止湿度过大

图 5-305　浇水后棚膜上没有水滴后再逐渐关闭风口

图 5-306　浇水后下午湿度过大，棚膜产生流滴，晚上一定不要将风口关得很严，棚温适当低点也不能湿度大

图 5-307　畦底部积水将地膜打洞，将积水引入膜下

图 5-308　在过道铺设秸秆以防止湿度过大

生产上可通过人工控制和智能通风设备控制两种方式开关风口（图 5-309）。除开风口外，还可通过风扇、排风机、静电除雾等方式进行温室排湿（图 5-310）。

图 5-309　开关风口方式

图 5-310　排湿除雾方式

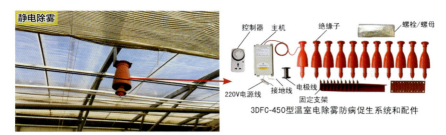

图 5-310 排湿除雾方式（续）

（4）晒畦中耕　见图 5-311、图 5-312。

图 5-311　晒畦中耕，提高地温。中耕要中间深，两边浅，不伤及草莓根系

图 5-312　浅中耕，将地表水平根破坏有利于提高草莓品质

（5）植株整理　见图 5-313~图 5-318。

图 5-313　摘除老叶。每次摘叶控制在 1~2 片，保持 5~7 片功能叶片

图 5-314　摘叶的重点是摘除草莓畦中间相互遮阳的叶片

图 5-315　保证大果生长，疏果贯穿草莓生产整个过程

图 5-316　将畦面上的草莓转向畦外侧

图 5-317　侧芽要及时摘除，部分侧芽开始现蕾，在侧面保留 1~2 个侧芽　　图 5-318　及时摘除过小或畸形的花和果，减少养分流失

（6）草莓采收　草莓采收标准见图 5-319~图 5-321。

图 5-319　红颜草莓采收标准：9 分熟

图 5-320　章姬草莓采收标准：8.5~9 分熟

图 5-321　欧系草莓采收标准：10 分熟

草莓采收时，一般不带果茎，否则容易扎伤草莓果实。采收流程及注意事项见图 5-322、图 5-323。

图 5-322　草莓采收流程

（7）生产中常见的问题

1）草莓果茎折断问题。采用半基质、H 形高架和后墙管道栽培的草莓在成熟期容易发生折枝的情况（图 5-324）。折枝生长的草莓硬度偏低，糖度相对降低 0.5%~2.4%，且果实颜色暗红，没有光泽，严

图 5-323　草莓采收时的注意事项

图 5-323　草莓采收时的注意事项（续）

重影响草莓口感和品质。在生产上可以通过填装足量基质、草莓弓背朝向斜外侧种植等多种方式避免折枝（图 5-325~图 5-337）。

图 5-324　草莓果茎伸过边缘，果实下坠，果茎容易折断（折枝）

图 5-325　种植时种苗尽量靠边，果茎伸出板材

图 5-326　种植时增加基质用量，形成斜坡以缓解果茎受力

图 5-327　种植时种苗弓背斜向外 45 度，果穗斜出

图 5-328　用草莓叶柄或相邻草莓果柄间相互支撑

图 5-329　将旧 PVC 管一破为二，套在硅酸钙板边缘

图 5-330　将滴灌管裁一条扣在硅酸钙板边缘

图 5-331　在苗下方垫上玉米秸秆来支撑果柄

图 5-332　在草莓成熟时将旧的滴灌管铺设在草莓果茎下面撑起草莓果茎

图 5-333　用塑料绳铺设在草莓果茎下面撑起草莓果茎

图 5-334 将草莓叶子全部拦起有利于果实着光,同时减轻叶片果柄压力

图 5-335 将塑料网兜斜放,减轻果实对果茎的拉力

图 5-336 后墙管道栽培预防折枝:用旧 PVC 管套在后墙管道边缘

图 5-337 后墙管道栽培预防折枝:用旧 PVC 管做成一个弧度板

2)草莓果实风味问题。草莓成熟后有些草莓的味道偏酸或是糖度不高,影响草莓的品质,直接影响农户的销售收入。为此,这段时间一定要注意草莓综合管理,既要提高后续草莓产量,又要提高草莓的风味。具体措施有加大温差管理、适当控制水分、合理增施钾肥等(图 5-338~图 5-345)。

图 5-338　用塑料绳将草莓叶片托起利于草莓授粉和果实着色

图 5-339　天气好时将高架底膜撩起晒晒太阳，促进升温

图 5-340　清除棚膜上的灰尘增加透光度

图 5-341　草莓成熟期间，在保证通风透光的前提下，尽可能多保留功能叶片

图 5-342　及时采收成熟草莓，保证草莓口感新鲜

图 5-343　最佳草莓采收时间为上午冷凉时

图 5-344　采收时果温低有利保鲜运输

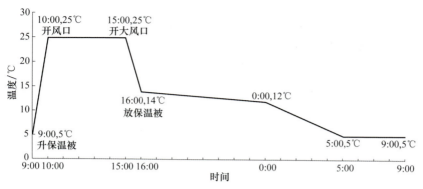

图 5-345　草莓成熟时应采用 5 段变温管理

五、换茬期管理

换茬期管理的目标是促使果实快速膨大，保障结果连续性，以获得稳产、高产。此阶段是草莓畸形果的高发期，果实品质下降，也会经常出现断茬、早衰的现象，因此要采取相应的水肥管理、植株整理等管理措施（图 5-346~图 5-353）。

图 5-346　换茬期温度管理：白天温度在 22~26℃，夜间温度控制在 6~8℃

图 5-347　这个时期保持高钾的同时增施生根肥料以促进植株生长，如海藻肥

图 5-348 及时补充氮肥和中微量元素肥料以促进草莓整体健康生长

图 5-349 用 0.2% 磷酸二氢钾加碧护 5000 倍液叶面喷施以补充叶面肥

图 5-350 根外和叶面施肥以补充平衡肥料

图 5-351 换茬期容易出现早衰,应及时补充磷、钾肥及适量氮肥

图 5-352 及时去除侧芽,一手扶住草莓,另一只手抓住侧芽向侧面使劲,轻轻将侧芽摘掉,防止伤到整个植株

图 5-353 整个植株只保留有 5~7 片功能叶,其余的尽量及时摘除

六、果实生产后期管理

果实生产后期一般为第二年 4 月 20 日~5 月 20 日，由于温度持续升高，草莓生长进入末期，此时的管理目标是控温控水控肥，延长果实采摘期。

果实生产后期，温度持续升高，容易出现徒长及高温热害。要使用遮阳材料、开微喷进行降温，白天棚内最高温度不超过 32℃。尽量降低棚内的湿度，开大风口以加强通风。

（1）草莓生产中后期常见的问题　见图 5-354~图 5-369。

图 5-354　植株矮小：果实生产后期由于养分供应不均衡，草莓根系老化，容易出现换茬现象

图 5-355　植株徒长：后期温度高，容易出现株高超过 40 厘米的徒长现象

图 5-356　加大疏花疏果力度，提高草莓商品性

图 5-357　及早摘除尾果：第一茬留下的小果尽早摘除，否则影响二茬草莓膨大

图 5-358　草莓褪绿：草莓根系外漏、换根影响草莓新叶变小甚至造成功能性吸收障碍，叶片失绿

图 5-359　花而不实：在前期负载量很大加上低温根系严重受损，造成草莓花芽分化不良出现花而不实

图 5-360　僵果：在春节前负载量大加上低温根系严重受损，造成草莓营养吸收受阻，出现果实僵化，应及时摘除

第五章 草莓栽培技术

肥害：草莓生产中后期温度升高应该改变肥料用量，否则很容易造成肥害

草莓发生严重肥害情况：去掉所有花果，只保留叶片，促进恢复

基质栽培肥料溶液浓度超过0.3%，容易造成肥害。建议低浓度少量多次施用

对产生肥害的草莓，去掉受害叶片，保留叶柄

图 5-361 肥害及解决措施

图 5-362 烟剂药害：草莓生产中后期温度升高，烟剂使用时注意温度降低后才能用，否则会造成药害

图 5-363 喷施药害：草莓中后期温度升高时喷药最好避开高温时段，选择早上或傍晚，否则会产生造成药害

图 5-364 高温缺水易导致草莓种子早熟

图 5-365 高温期间喷施叶面肥，易造成局部浓度过高，产生肥害

图 5-366 换茬期草莓根系生长程度不同，影响吸收功能，易造成叶片失绿

图 5-367 摘除匍匐茎，避免过多营养消耗

图 5-368 草莓根系弱，畸形果严重，应及早摘除

图 5-369　草莓生长过旺，交替叶面喷施氨基酸钾和腈菌唑控制草莓长势

（2）植株整理　见图 5-370~图 5-372。

图 5-370　温度高则草莓成熟快，若疏果不及时，易造成果实密而小　　图 5-371　及时去老叶，保留 5 片功能叶

图 5-372　随着草莓生长出现根系上移，不利于新根发生，需及时在根部覆土

(3) 高温季节草莓降温管理　温度升高,草莓蒸腾作用加快,植株容易出现缺水的症状,加之草莓种苗消耗过大,应注重水肥管理;及时安装防虫网进行绿色防控;加强植株整理工作,防止病虫害的发生(图 5-373~图 5-379)。

图 5-373　温度升高,蒸腾作用加快,容易缺水,浇水变为"小水勤浇"

图 5-374　打药喷施叶面肥改在早上或傍晚,避开中午高温时段

图 5-375　先将上风口开到最大,再通过打开腰风口降温排湿

图 5-376　打开下风口通风降温,并安装防虫网进行绿色防控

图 5-377　打开后墙风口通风降温

图 5-378　后墙通风口需要安装防虫网,防止虫飞入

① 整棚覆盖黑色遮阳网降温

② 安装外遮阳网降温

③ 棚膜外喷涂专业的遮阳降温涂料降温

④ 将腻子粉调成稀浆或者用稀泥浆涂于棚膜外遮阳

⑤ 安装内遮阳装置降温

⑥ 利用保温被遮阳

⑦ 利用遮阳被遮阳降温

图 5-379　不同类型遮阳降温措施

（4）草莓清园管理　传统土壤栽培的草莓直接拔出植株就可以破垄，平整土地（图5-380）；基质栽培因为草莓根系都深扎在基质中且根系庞大不容易拔出，为此基质栽培在拉秧清洁时先将地上部分的植株清除，等草莓须根萎缩腐烂后再顺利拔出草莓根系进行消毒处理（图5-381）。

① 草莓拉秧清洁田园

② 拉秧后人工破垄

图 5-380　土壤栽培拉秧清园

① 用剪刀去掉草莓地上部分

② 将剪掉的草莓集中清理出温室销毁

③ 可用 50% 阿米西达 4000~5000 倍液和高效氯氰菊酯 800 倍液对温室进行全面消毒

④ 用棚膜覆盖栽培畦并密闭温室，提高温度促进根系腐烂

图 5-381　基质栽培拉秧清园

第八节　果实包装和深加工

草莓是陆续开花、结果的，成熟期不一致。在北方日光温室促成栽培中，从 12 月～第二年 5 月初，采收期长达 6 个月，所以需要分期采收。草莓作为一种浆果，极其不耐储存和运输，美丽适当的包装可以使草莓在运输和销售过程中得到很好保存，提升草莓经济效益。若对草莓进行深加工，不仅能提高种植户收益，还对进一步推动草莓产业的可持续发展起着至关重要的作用。

一、果实采收标准和包装

1. 草莓果实采收标准

不同草莓品种成熟期差异很大，在采收时可根据具体的品种来确定采收期。欧系品种相较于日韩系品种果实硬度大，为了保证果实的口感，尽量在果面着色达到 100% 时进行采收。目前日光温室促成栽培品种大多选择种植日韩系品种，常见的品种为红颜、章姬等。红颜成熟的标准是果面达到 95% 红就可以采收；章姬上市时间是果面达到 85% 红、果肩部发白就可以采收。如果用于深加工，在果面全红时采收，此时果实含糖量高、果肉多汁、香气浓郁。草莓采收注意事项见图 5-382~图 5-385。

图 5-382　采收的草莓不要在手里长时间抓握

图 5-383　采收时应戴干净手套

图 5-384 采收时轻轻用力,用大拇指和食指轻轻握住果实中下部

图 5-385 采收用的容器要浅、底要平,不能装得过满,为防止挤压,不宜将果实叠放超过 3 层

2. 草莓果实分级和包装

根据市场目标定位,对草莓果实进行分级,一般一级果重 26 克以上,22~25 克为二级果,12~22 克为三级果,12 克以下为等外果。分级后,根据不同的市场采取不同包装形式和销售策略,使草莓种植户的利益最大化。具体见图 5-386~图 5-392。

图 5-386 根据重量进行分级

图 5-387　一、二级果可供采摘或用礼盒包装

图 5-388　草莓礼盒常见内包装方式

图 5-389　一级果常见包装规格有 12 个、15 个等，二级果为 18 个、20 个等

图 5-390　二、三级果可供采摘或采用常规包装销往超市、社区

图 5-391　常规包装一般采用托盖组合的塑料透明包装方盒，一般容纳 300~400 克

图 5-392　三级果、等外果可零售或进行深加工

近年来，网络销售快速发展，由于其不受距离、地域的限制，所以草莓远程运输越来越多。草莓是浆果，不耐运输，所以在物流运输上防震是重点（图 5-393、图 5-394）。最好在采收后及时完成包装进入物流运输环节，长距离运输时一般多采用空运，12~24 小时即可完成配送，到达客户手中。

图 5-393　远距离运输草莓

图 5-394　防震包装材料

二、果实深加工

草莓日光温室促成栽培中，采收期长达半年。在 4 月 20 日之后的果实生产后期，随着温度的升高，草莓果实品质下降，不仅难储存，而且销售进入淡季，价格大幅下降。销路不畅的草莓果实产量为草莓深加工提供了丰富的原材料。所以进行草莓深加工，发展深加工产业，无论是从采收期还是产量上都具有可行性，不仅可缓解草莓鲜销压力，避免霉烂损失，又能满足不同消费需求，为种植户增值创收，还可推动区域草莓产业链更加科学，草莓产业化水平更加高效。

目前最常见的草莓深加工食品主要包括果肉制品和果汁制品（图 5-395）。其中草莓果肉制品常见的有草莓酱、草莓果脯、草莓罐头、速冻草莓等，果汁制品常见的有草莓酒、草莓醋、草莓汁、草莓酸奶等。

图 5-395　草莓深加工食品

第六章
草莓种苗繁育

06

繁育健壮的草莓苗是获得优质、高产草莓的基础。草莓的产量与草莓的花序数、开花数、等级果数、果实大小等因素密切相关，与植株的营养状态和根部的发育状态密切联系。而草莓种苗的质量决定草莓的产量和果实的品质，所以，种苗繁育是草莓生产的关键环节。草莓繁殖方法有五种，我国生产上主要用匍匐茎繁殖法繁育草莓种苗，并且多与组织培养相结合，利用组织培养原种苗作为母株，再用田间匍匐茎繁殖，脱毒复壮，生产优质草莓种苗，并提高繁殖系数。

第一节　种苗繁育方法

草莓种苗的繁育方法包括种子繁殖法、母株分株繁殖法、组织培养繁殖法。

草莓种子繁殖法，即直接播种草莓的种子，通过一定的栽培管理获得草莓的方法。因为草莓的种子没有明显的休眠期，可随时播种。播种一般采用当年收获的新鲜种子，隔年的陈种子出苗率较低甚至不出苗。

播种前，可将种子放在纱布袋中浸水12~24小时，待种子充分膨胀后再播种。草莓种子较小，为了撒播均匀，可将种子先与细沙或基质充分混合，然后撒播到苗床上。苗床准备：苗床上平铺合适的基质或细碎、干净的土壤，播种前先浇透水，将种子均匀地撒播在床面上，再覆盖厚0.2~0.3厘米的基质或细土，给苗床覆上塑料薄膜保持湿度。10天左右即可出苗，小苗长出3~4片展开叶时便可带土移栽到营养钵或小花盆中进行锻炼，之后再移栽到育苗地中，促其抽生匍匐茎用于繁殖。

草莓母株分株繁殖法，又称根茎繁殖法，俗称分墩法。对于不易发生匍匐茎的品种可采用此方法，操作如下：在草莓果实采收后，加强对母株的管理，及时对母株进行施肥、浇水和除草工作，促进其新茎腋芽发出新茎分枝。待新茎的新根发生后，将母株整个挖出，剪掉下部黑色的不定根和衰老的根状茎，选择当年的具有3~5片功能叶、5条左右健壮根系的侧芽逐个分离。分离出的植株可直接栽到生产园中，也可先假植，长成健壮苗后再栽植。

一、草莓的组织培养繁殖法

草莓的组织培养繁殖法是通过培养草莓匍匐茎顶端的分生组织及茎尖,诱导出幼芽,然后通过幼芽的快速增殖繁殖出幼苗的方法。草莓幼苗经驯化培养后,可移植到育苗圃中繁殖组织培养一代苗,再进一步进行生产苗的生产。此方法生产出的脱毒苗具有生长快、长势强、繁殖系数高等特点,抗病性、耐热性和耐寒性均强于普通非脱毒苗。

先把切取的草莓茎尖进行热处理,然后在无菌状态下,切取分生组织尖端0.2~0.5毫米的生长点,在加入0.5毫克/升氨基腺嘌呤(BA)、0.1毫克/升吲哚乙酸(IAA)和0.3毫克/升激动素(KT)的MS培养基中培养试管苗,获得的试管苗要多次反复通过病毒鉴定,确认无病毒携带才能加速繁殖出大量试管苗,再进一步繁殖出原种苗,供生产使用(图6-1)。

图6-1 草莓组织培养种苗繁育

图 6-1　草莓组织培养种苗繁育（续）

二、草莓的扦插繁殖法

草莓的扦插繁殖法是把尚未生根或发根较少的匍匐茎苗或尚未成苗的叶丛植于水中或土中，促其生根，培养成独立的小苗。只要匍匐茎苗或叶丛具有两片以上的正常叶片，随时都可以进行扦插。

扦插时，将匍匐茎或叶丛剪下，扦插介质可选择水、细沙、基质或土。使基质保持一定的湿度，含水量保持在 70%~80%，温度控制在 20~25℃，不宜过高，草莓根系的生长适温是 15~20℃，温度过高不利于根系的生长。一般需 15 天左右，即可长出新根。

草莓的扦插繁殖多在秋季进行。在草莓生产苗定植后，苗圃中未生根的叶丛和生根很少的匍匐茎苗在露地结束生长之前难以成苗，剪下进行扦插繁殖，采取保温措施，冬季继续生长成苗，作为第二年春季的母株使用。目前，也有的在种苗繁殖过程中，不进行引茎、压苗，7 月中旬再剪下匍匐茎苗进行扦插，统一管理，将匍匐茎繁殖法和扦插繁殖法结合在一起，繁殖出来的种苗整齐一致，成活率高（图 6-2）。这种方法同样适用于草莓定植后补苗用。

图 6-2　利用匍匐茎苗剪切后扦插在育苗盘上形成种苗的繁育方式

三、草莓的匍匐茎繁殖法

匍匐茎是草莓的主要繁殖器官，利用匍匐茎繁殖种苗是草莓最常见的繁殖方法。草莓在每年的生长期内会发生大量的匍匐茎，利用匍匐茎上着生的子株来繁殖幼苗的方法，即为匍匐茎繁殖法（图 6-3、图 6-4）。发生匍匐茎的草莓苗叫作母株或母苗，匍匐茎苗又称子苗。

匍匐茎繁殖法的优点：一是繁育的种苗质量好，子苗生育周期短，生命力强，根系发达，子苗从母株获得营养的同时又能利用自身根系吸收营养，植株健壮，单株叶片多。种苗定植成活率高，缓苗后生长旺盛，并且花芽充分分化，有利于产量的提高。二是种苗繁殖速度快，繁殖系数高，繁殖技术简便。三是利用匍匐茎繁殖种苗能够保持种苗原有的品种特性。四是在专用育苗圃采用无病虫害的新生匍匐茎苗或采用组织繁殖的无病毒苗，减少了母株带病的机会。

影响草莓匍匐茎发生数量的因子有品种、日照和温度、低温积累量、土壤水分和植物激素。

图6-3 利用匍匐茎直接在土壤或基质槽等容器上形成小苗

图6-4 匍匐茎直接在土壤生根发育成苗

第二节 露地育苗

露地繁育的草莓品种大多具有抗病性强，耐寒性、抗旱性较高，耐高温，高抗草莓炭疽病，叶片厚实等特点。品种以欧系品种为主，如卡姆罗莎、蒙特瑞、阿尔比、甜查理等。目前国内的一些品种发展也很快，在露地育苗中表现较好的品种如北京市农林科学院培育的天香、燕香、冬香、红袖添香等"京香"系列。

一、常见露地育苗畦

草莓露地育苗一般包括平地育苗和高畦育苗两种。南方地区降雨频繁，方便排水，主要以高畦为主，北方地区平地和高畦两种形式都有。采用高畦育苗方式，是把草莓种苗定植在高畦的两侧，让子苗往高畦的中间生长，充分利用高畦的土地面积，减少草莓母株对子苗生长的影响，子苗生长后期及时去除母株，有利于提高子苗发生数量。由于是高畦，有利于在夏季及时排出雨水，减少雨水浸泡草莓的机会，降低草莓炭疽病的发生概率。平地育苗主要是在雨水较少的北方地区使用，这样的育苗方式便于灌溉。育苗地要求背风向阳、平坦、水源充足、砂质壤土，pH 为 7 左右。

二、露地育苗方式

露地育苗方式有 3 种：小高畦、平高畦和平地育苗，可单行育苗，也可双行育苗（图 6-5）。

畦高 20 厘米、宽 1.2 米，株距为 40 厘米

株距为 50 厘米，行距为 30 厘米，大行距为 1.5 米

畦高 20 厘米、宽 1.2 米，株距为 40 厘米，种植在排灌沟一侧

畦高 20 厘米、宽 1.5 米，株距为 40 厘米，种植在平高畦两侧

株距为 40 厘米，行距为 1.2 米

株距为 50 厘米，行距为 1.2 米

图 6-5 露地育苗方式

三、露地育苗流程

草莓母株定植前流程见图 6-6。

① 场地选择

② 横纵深松 40 厘米

③ 场地消毒

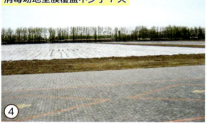
④ 消毒场地全膜覆盖不少于 7 天

⑤ 每亩施 2 吨商品有机肥

⑥ 机械做畦

⑦ 铺设滴灌带，每隔 2 米用土压住防止风吹

⑧ 畦两端深挖排水沟

图 6-6 母株定植前流程

图 6-6　母株定植前流程（续）

在草莓种苗抽生匍匐茎以后，结合滴灌用自动吸水泵把肥水注入滴灌带里施入。等肥水全部施入地里后，继续滴灌 2 小时，使肥料均匀地分布在土壤中。草莓育苗期间的虫害主要有蛴螬、小地老虎、蚜虫，要及时植保。还要及时去掉花蕾，及时除草。具体见图 6-7。

图 6-7　田间管理措施

当草莓种苗抽生匍匐茎以后,要及时用专用工具(塑料小叉子)或者牙签,在子苗长出根系后把匍匐茎固定住,或者用土把匍匐茎压住,让匍匐茎长根的地方与土壤直接接触,有利于扎根,当子苗大量抽生匍匐茎时,要把匍匐茎拉开距离摆好固定住,防止匍匐茎互相交叉,影响子苗扎根生长(图6-8)。

图6-8 使匍匐茎苗合理分布

当匍匐茎铺满整个畦面以后,为了给子苗提供更多的生长空间和营养,及时地把草莓的老母株拔掉(图6-9),并及时把抽生的匍匐茎在腾出来的空间里进行压蔓,提高子苗的生长数量。

图6-9 草莓苗铺满畦面后去除老母株

最后进行起苗、分拣、包装、预冷运输(图6-10)。

图 6-10 起苗、分拣、包装、预冷运输流程

图 6-10　起苗、分拣、包装、预冷运输流程（续）

四、露地育苗应注意的几个问题

（1）**母株定植时的注意事项**　定植是培育健壮草莓子苗的基础，科学管理是提高繁苗系数的有效途径，具体注意事项见图 6-11～图 6-16。

图 6-11　把母株根系捋顺放入定植穴，不要窝根

图 6-12　母株定植后不要埋芯

图 6-13　高温暴晒会造成缺水，草莓母株定植时选择在滴灌带滴眼附近最好

图 6-14　露地育苗通常没有遮阴措施，容易干，滴灌保持小水勤浇

图 6-15　按压回填土，以免造成根系周围空虚、缓苗慢

图 6-16　定植后立即浇水，喷灌或是滴灌补足定植水

（2）后期管理注意事项　见图 6-17~ 图 6-26。

图 6-17　露地育苗时杂草遇水就长，用黑色地膜将地块覆盖以抑制杂草生长

图 6-18　对草莓母株开始抽生的匍匐茎应顺滴灌带摆放，便于补水

图 6-19　早春气温低时可利用小拱棚保温、保湿。首先用竹片做成拱架

图 6-20　去膜时先打孔通风，再逐步去掉小拱膜防止闪苗

图 6-21　结合除草加强中耕，深度为 2~3 厘米。匍匐茎大量发生前，除草 2~3 次

图 6-22　雨季除草不及时会造成草害，严重时草莓苗绝收

图 6-23　露地育苗采用喷灌补水

图 6-24　也可以快速漫灌，及时排水

图 6-25　匍匐茎大量抽生时沿畦面两侧摆放、理顺，不要相互纠缠

图 6-26　整理不及时，匍匐茎子苗会随意生长，不利于后期通风透光和起苗时分级

（3）**如何培育健壮母株**　培育健壮草莓苗，要选择品种纯正、根系发达、无病虫害的优良母株。选用脱毒种苗作为母株，是生产优质、高产草莓果实的关键。脱毒苗的生产性能与非脱毒苗相比，存在明显优势。繁育原种一代苗，应选用健壮、根系发达，有4~5片叶的脱毒种苗作为母株。繁育生产苗，应选用健壮、根系发达、有4~5片叶、无病虫危害的原种一代苗作为母株。

培育健壮草莓母株一般有以下3种方法。

1）方法一：在当年的9月，将挑选的草莓种苗种植在育苗圃中，株距为40厘米，行距为1.5米，每亩定植草莓母株1100~1200株。后期管理上侧重磷、钾肥的使用，一般叶面喷施0.2%磷酸二氢钾。

侧芽一般保留1~2个，及时去掉过多、过密叶片及花蕾，让草莓体内养分集中积蓄在根茎部，增加草莓的抵抗力。在进入冬季前浇好冻水，待水下沉后用0.1毫米厚的地膜将草莓整垄覆盖，用土将四周压严，尽量保留完整草莓叶片，待第二年温度上升后将土清开，揭膜，准备好母株备用。具体见图6-27。

图6-27　培育健壮母株方法一

2）方法二：2月中旬，在保护地利用营养钵将小苗假植在苗圃中，通过对保护地小环境控制，培育健壮母株，待外界温度适宜时再定植在育苗圃中。具体见图6-28。

3）方法三：上一年11月初在苗床上种植草莓母株，利用温室的特殊条件把抽生的匍匐茎培育成母株。当年抽生的匍匐茎形成的小苗，生长旺盛有利于繁苗。具体见图6-29。

图 6-28　培育健壮母株方法二

图 6-29　培育健壮母株方法三

第三节　避雨育苗

在大棚内进行草莓种苗繁育，可有效避免雨水对种苗的冲击，减少土传病害发生，具有草莓种苗健壮、缓苗期短、成活率高的特点（图 6-30、图 6-31）。避雨育苗有避雨土壤育苗和避雨基质槽育苗 2 种方式。

图 6-30 选择阳光充足、灌水排水方便、土壤肥沃、远离病源的地区建设长宽为 50 米 × 8 米育苗大棚

图 6-31 大棚草莓避雨育苗内部图

一、避雨土壤育苗流程

避雨土壤育苗首先要进行土壤消毒（图6-32）、整地做畦（图6-33），之后定植母株（图6-34），母株成活后打开风口通风降温并撒施硫黄粉，可杀菌、调酸（图6-35）。

图 6-32 连续 2 年以上进行草莓育苗的大棚，要进行土壤化学消毒

低洼棚要做成高畦：将棚内土壤深翻 30 厘米后，做畦面宽 1.2~1.5 米、高 30 厘米的南北向畦，畦面中间略高

平畦：棚内土壤深翻 30 厘米、耙平。适宜排灌良好、透水性好的土壤，株距为 40 厘米、行距为 1.2 米

图 6-33 整地做畦

① 造墒：在栽培畦上铺设滴灌管，定植前 2~3 天洇畦

② 摆苗：按株距为 40 厘米把母株摆放在草莓畦上，每畦双行

③ 挖定植穴，将母株退钵放入穴中，回填土壤，注意土和畦面齐平

④ 用水管浇足定植水，封闭土壤孔隙，利于根际保温

⑤ 浇足定植水后闭棚升温促进草莓生根，快速缓苗

⑥ 定植第二天检查定植情况，对于没有培土完全的，及时培土促进母株扎根

图 6-34　定植母株

图 6-35　母株成活后打开风口通风降温并撒施硫黄粉，可杀菌、调酸，一般每亩施用 40 千克

育苗过程中应利用保温措施保持合适温度（图 6-36）。

① 育苗初期温度低，可在大棚内再搭建小拱棚进行二次保温

② 可直接在母株上方覆盖薄膜，起到双层幕的作用

③ 直接覆盖薄膜时，两边要用土压严实，确保保温效果

④ 当草莓成活后应先打孔，降低膜内的温度让草莓苗逐渐适应外界环境，以免闪苗

图 6-36　保温措施

⑤ 当草莓开始抽生的匍匐茎时,可以先将草莓苗和匍匐茎整理到膜外,地膜落地覆盖以保温保湿

⑥ 遇到早春寒冷天气时在大棚外侧棚脚处覆盖保温被(棉毡)保温

⑦ 若定植早温度低,在棚内设置双层幕进行覆盖

⑧ 遇到极端天气时用保温被作为棚内双层幕进行覆盖

图 6-36 保温措施(续)

育苗过程中进行适当的追肥(图 6-37)、加强中耕除草(图 6-38、图 6-39),要及时梳理匍匐茎,去弱留壮(图 6-40)。待二级子苗长出 2~3 片叶时,在一级子苗长出根系的后面用卡子固定(图 6-41)。当匍匐茎长满畦面时,去掉匍匐茎生长点同时铲除母株,改善通风透光(图 6-42)。

二、避雨基质槽育苗流程

利用避雨基质槽育苗能有效减少草莓苗期病害,提高繁苗系数(最高可达 1∶70),形成壮苗,使花芽分化整齐,促使草莓果实提前上市。其具体栽培流程见图 6-43。

图 6-37 促进草莓苗快速生长可以用 0.2% 氮磷钾比例为 20∶20∶20 的平衡肥随水追肥

图 6-38 对于弱小苗,加强中耕,提升地温,并及早去掉小花蕾

图 6-39 中耕结合除草一起进行促进发苗

图 6-40 要及时梳理匍匐茎,去弱留壮,先不固定,以免苗龄过长

图 6-41 二级子苗长出 2~3 片叶时,在一级子苗长出根系的后面用卡子固定

图 6-42 当匍匐茎长满畦面时,去掉匍匐茎生长点同时铲除母株,改善通风透光

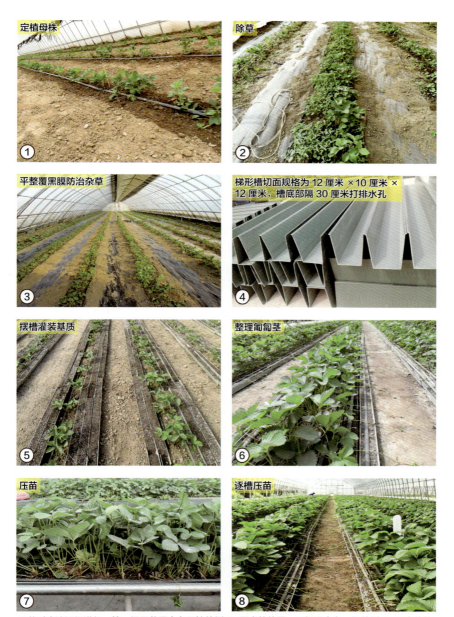

压苗时应该逐级进行，第一级子苗固定在母株外侧 10 厘米的位置，二级固定在一级外侧 10 厘米的位置。在压苗时尽量保证同级子苗在一道线上，保证草莓苗龄一致便于起苗操作

图 6-43　避雨基质槽育苗流程

收获时将槽内的子苗整条取出，根据苗子大小分级，在短途运输时可将整条子苗直接装入塑料箱中

图 6-43　避雨基质槽育苗流程（续）

如果长距离运输或是空运，需要将种苗上携带的基质去掉部分以减轻重量，便于运输（图 6-44）。

图 6-44 长距离运输基质槽种苗处理流程

三、育苗期温度和湿度管理

温度和湿度管理注意事项见图 6-45~图 6-50。

图 6-45 大棚覆盖 3 块棚膜,留 2 个侧风口,这样顶部不易积水和漏雨

图 6-46 采用育苗床育苗的,侧风口位置稍高

图 6-47 避雨地栽育苗的侧风口位置较低

图 6-48 在大棚两侧安装微喷带，高温时喷淋降温

图 6-49 灌溉后和雨后，要及时开风口通风排湿

图 6-50 大棚低风口要晚开、开小，中午开大，下午早点闭棚保温

四、育苗期光照管理

1. 遮阳网

内遮阳（图 6-51）是把遮阳网悬挂在棚室内部进行遮阳，从使用情况看，效果不佳。由于阳光穿透棚膜后在温室上部聚集了大量热量，使温度分布不均匀。越靠近棚室顶部温度越高，虽然打开侧风口和内遮阳可以降低温度，但始终还有许多热量散发不出去，使棚室内部温度很高。外遮阳即把遮阳网挂于大棚外进行遮阳，阻挡了大部分阳光进入棚室，有效减少了辐射得热，因此外遮阳效果好于内遮阳。外遮阳（图 6-52）采取支架外遮阳的，因其遮阳网和棚膜之间有足够空间能让空气流通散热，比遮阳网直接盖在棚膜上的方式降温效果更好。但对于那些棚室较高的设施，采用外遮阳方式安装比较困难，如

在北京春季有大风的情况下，遮阳网很容易被刮坏、刮掉，不建议采用外遮阳，而建议采用遮阳涂层降温的方法。

图 6-51　高温季节用遮阳网进行遮光降温
（内遮阳）

图 6-52　有条件安装外遮阳网，
降温效果更好

2. 专业遮阳降温涂料

在大棚棚膜外喷涂专业的遮阳降温涂料，可以阻止有效辐射进入棚室内部，从而达到降温的目的。不同的涂层浓度遮光率和降温效果不同。这种方法具有遮光率可控，一次喷涂可持续遮阳，受外界恶劣天气影响小等特点，但原料成本稍高，产品有利索、立凉等（图 6-53）。

图 6-53　喷涂遮阳涂料（利索）降温

3. 腻子粉或稀泥浆

在雨季来临之前或降雨较少的地方可以用腻子粉或稀泥浆进行遮阳降温。具体做法是将腻子粉调成稀浆或者用稀泥浆涂于棚膜外进行遮阳，这种方式原料成本低，但雨水冲刷后需要重新涂，人工成本增加。如果用防水腻子粉喷涂效果更好。

五、水分田间管理

抽生匍匐茎后每天滴灌 30 分钟。子苗灌溉则从压苗后开始灌溉，6月每天浇水2次，分别于9：00、11：00开始滴灌，每次 3~5 分钟；7~8 月每天浇水 2~3 次，分别于 8：00、10：00、下午 2：00 开始滴灌，每次 3~5 分钟。具体注意事项见图 6-54~图 6-57。

图 6-54　注意灌溉量，以免棚内积水、湿度大，造成病害暴发

图 6-55　去掉的老叶要及时清理出棚室，避免病害传染

图 6-56　及时去掉抽生花序，避免营养浪费

图 6-57　基质苗起苗时，可清理整个育苗棚，最好不要跳取，便于管理

六、其他育苗方式

由于草莓避雨育苗设施相对固定，连续种植草莓会产生连作障

碍，影响草莓育苗质量。根据实际情况，可以搭建简易栽培槽，采用基质种植母株，对连作障碍有一定的缓解作用（图6-58）。另外，还可利用温室后墙北侧搭设荫棚进行避雨育苗，荫棚温度相对较低，有利于种苗生长（图6-59）。

图6-58　简易栽培槽种植草莓母株育苗方法

图6-59　其他避雨育苗方式：利用温室后墙北侧搭设荫棚进行避雨育苗

第四节　避雨高架育苗

草莓高架育苗能最大限度提高土地利用率、改善作业舒适度、提高经济效益，以及最大限度利用温室空间和太阳光照。避雨高架育苗一般以镀锌钢管为受力载体，将草莓母株栽培槽放于中间，子苗栽培槽放在母株栽培槽两侧，按其模式可分为苗床育苗和 A 形架育苗。避雨苗床育苗是子苗栽培槽水平放置在母株栽培槽两侧，A 形架育苗是子苗栽培槽由草莓母株栽培槽两侧由上至下成阶梯式分层放置，整个育苗栽培架呈 A 形。

避雨高架育苗与传统地栽育苗相比，空间利用率有所提高；育苗架安装简单，耐大棚和温室内的高温高湿，使用寿命长；改善了通风透光环境，子苗生长环境好，成苗后质量好；单位面积育苗产量比普通育苗有很大的提高；高架培育的草莓苗具有缓苗快、成活率高、花芽分化早、上市期提前等特点；高架育苗可实施水肥一体化精准控制，节水节肥，减少劳动者弯腰操作的劳动，提高劳动效率。

一、栽培设施材料

避雨高架育苗设施材料包括园艺地布（图 6-60）、苗床（图 6-61）、母株栽培槽、子苗承接容器等。

图 6-60　平整土地压实、铺设园艺地布，使棚内干净整洁，降低棚内湿度

图 6-61　苗床距地面高 1 米、宽 1.5 米，顺大棚方向摆放 3 排

用泡沫塑料做成的新型栽培槽（图6-62），与传统栽培槽相比，保温效果更好，有利于草莓种苗的生长；该种栽培槽呈梯形，减少了基质的使用量，降低了草莓育苗成本；体积小，栽培槽侧面设计有方便搬运的凹槽，人工搬运方便，大大降低了劳动强度；在育苗完成后，可放在草莓高架下，用来种蔬菜等其他作物，用途广泛，利用率高。50米×8米的大棚内可摆放母株栽培槽180个，连续摆放，不留空隙。另外，还可用塑料薄膜、防虫网及无纺布等卡在架子上形成母株栽培槽（图6-63）。

图6-62　母株栽培槽为泡沫塑料材质的倒梯形：上底宽35厘米、下底宽23厘米、高18厘米、长80厘米、壁厚1.5厘米

图6-63　其他形式的母株栽培槽：用塑料薄膜、防虫网及无纺布等卡在架子上形成

子苗承接容器有椎管、空穴盘、营养钵等（图6-64）。

① 将椎管成排放在架子上承接子苗，每个椎管可单独拿出，便于起苗

② 用椎管盘直接承接子苗

图6-64　子苗承接容器

用椎管托盘承接子苗

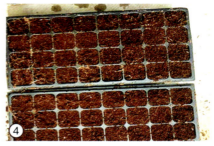
采用 32 孔穴盘承接子苗

码放营养钵承接子苗

用无纺布和防虫网做成兜，承接子苗

图 6-64　子苗承接容器（续）

二、避雨高架育苗流程

在母株栽培槽摆放好后定植母株（图 6-65），摆放子苗基质槽（图 6-66），灌装基质（图 6-67）并浇透水（图 6-68），在压苗之前，

图 6-65　2 月中旬~3 月上旬定植母株，株距为 20~30 厘米，双行定植，相邻栽培槽行株数分别为 2、3、2

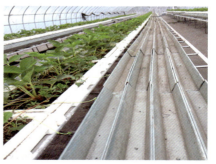

图 6-66　子苗栽培槽摆放在母株栽培槽两侧 5~10 厘米处，为后期生长留出空间

要及时将匍匐茎理顺到母株栽培槽内，按匍匐茎长短插在栽培槽中（图 6-69）。待匍匐茎长至一叶一芯时，逐级压苗（图 6-70~图 6-80）。

图 6-67　灌装基质并填好压实

图 6-68　每株子苗栽培槽铺设 1 条滴灌带，分几天将基质浇湿浇透

图 6-69　在压苗之前，要及时将匍匐茎理顺到母株栽培槽内，按匍匐茎长短插在栽培槽中

图 6-70　第一槽不能距母株太近，一般为 20 厘米，否则相互遮阴，不利于子苗生长。子苗间距为 5~8 厘米

图 6-71　太细弱的苗要直接去掉

图 6-72　一级槽压满后才能压后面苗槽，不能跳槽压苗

图 6-73　及时去掉母株和子苗的老叶及抽生的花序

图 6-74　草莓生长旺盛相互遮阴时,保留生长点和叶柄,剪掉叶片,加强通风

图 6-75　第三槽草莓苗压满后就陆续断掉母株与第一子苗间的葡匐茎

图 6-76　第四槽压入子苗后可将母株直接拔除

图 6-77　将一级子苗栽培槽摆放在母株栽培槽上加强通风透光

图 6-78　高架育苗下风口高度应高于地栽育苗的高度,4月中下旬以后,下风口可一直保持打开状态

第六章 草莓种苗繁育

图 6-79 第四槽压满生根后移到高架旁的地上加大通风透光，将一级子苗栽培槽摆放在架子下方

图 6-80 二、三、四级子苗栽培槽拉开距离摆放，为子苗生长腾出空间

在育苗过程过程中，要及时中耕除草、高温时期浇水降温，加强通风、及时追肥（图 5-81~图 5-86）。

图 6-81 缓苗后要及时中耕除草，避免杂草争夺养分、遮阳

图 6-82 高温时要对育苗槽浇水降温

图 6-83 高温时期，将大棚东侧风口改高，加强通风降温

图 6-84 压苗前要把基质槽中基质浇透，压苗后要及时打开滴灌浇水，促进子苗生根

图 6-85 抽生匍匐茎初期,可施用 2~3 次腐殖酸肥料

图 6-86 腐殖酸肥料能促进子苗发生量增加,长势健壮,但过多施用会导致子苗长势过小

最后,进行起苗、分拣、包装、预冷运输(图 6-87~图 6-90)。

图 6-87 起苗:将子苗栽培槽直接运到棚外阴凉处

图 6-88 子苗处理:根据种苗大小分级处理

图 6-89 将子苗去掉多余的基质和根系后进行分级码放

图 6-90 将分级后的子苗打捆装箱冷藏运输

三、A 形多层育苗

各种 A 形多层育苗的改良方式见图 6-91~图 6-93。

图 6-91　A 形高架育苗改良方式一：栽培架高 1.4 米、宽 1 米，共 5 层，最上层为母株栽培槽

（母株栽培槽高 20 厘米、长 100 厘米，两侧放 4 层子苗栽培槽）

图 6-92　A 形高架育苗改良方式二：栽培架高 1.6 米、宽 1.5 米，共 6 层，用去掉横截面上 1/3 的直径为 110 毫米的 PVC 管材作为压苗槽

图 6-93　改良方式二中，母株分别种植在顶部和底部。子苗向中间引。大棚顶部设有喷雾设备，中午降温保湿

第五节　高海拔育苗

根据海拔高度每上升 100 米，空气温度就相应下降 0.6℃这一自然规律，利用高山上的冷凉条件，促进草莓花芽提早分化或提前解除休眠的育苗方法就是草莓高山育苗。

常规的草莓高山育苗是选择海拔 800 米以上的地区进行，海拔越高、温度降低越明显，越有利于草莓花芽分化提早完成，使草莓的定植期、始收期均提前，从而提升草莓种植者的早期收益；高海拔育苗一般种苗健壮、根系发达（图 6-94）；可增加产量，高山气候冷凉、空气干燥，所繁育的子苗病害轻，可降低生产成本、增加收益。

高海拔育苗方式也分为露地育苗和避雨育苗（图6-95）。其培育健壮母株的3种方法同平地的露地育苗。但高海拔露地育苗定植后要注意防寒、防风。防寒，可以为草莓母株覆盖塑料薄膜，两边用土压严，避免土壤中水分蒸发吸热，以及土壤内空气和草莓苗周围空

图6-94　高海拔育苗一般种苗健壮、根系发达

气与外界对流散热。在北方4月正是大风季节，风速大，温度高，易出现干热风，很容易造成种苗枯死，严重形成缺苗断垄的现象。为此，一般在定植草莓母株时可以先造足底墒，浇足定植水后立即用100厘米宽的薄膜覆盖，四周用土压严，这样既可以提高草莓成活率，也可以防止前期干热风危害。

还要注意病害控制。高海拔地区环境冷凉，风大干燥，草莓母株易携带白粉病病菌，但苗期并不发病，易在定植到温室后发病。因此，育苗时要注意防控白粉病。可用25%阿米西达悬浮乳剂1500倍液预防，或75%百菌清可湿性粉剂600倍液，或10%苯醚甲环唑水分散粒剂2500~3000倍液等进行喷雾，10天左右喷施1次。在起苗前7~10天用阿米西达进行2次药剂防治，防止子苗带病进入温室。

高海拔露地育苗

高海拔避雨地栽育苗

图6-95　高海拔育苗方式

图 6-95　高海拔育苗方式（续）

第六节　扦插育苗

扦插育苗并不是扦插叶丛，而是指在种苗繁殖过程中，不进行引茎压苗，7月中下旬再将匍匐茎苗剪下进行扦插，统一管理，将匍匐茎繁殖法和扦插繁殖法结合在一起，这样繁殖出来的种苗整齐一致、成活率高。扦插育苗按照扦插子苗的容器可分为育苗床扦插育苗（图6-96）、营养钵扦插育苗（图6-97）、穴盘扦插育苗（图6-98、图6-99）等。用营养钵和穴盘的扦插圃可选在日光温室后墙北侧，搭上遮阳网，防止高温伤害草莓苗（图6-100）。

图 6-96　育苗床扦插育苗：将子苗直接扦插到子苗栽培槽里

图 6-97 营养钵扦插育苗：用营养钵承接子苗。优势是肥水易控、植株不易徒长、缓苗时间短、花芽分化早、产量高、果实采收期长

图 6-98 穴盘扦插育苗：7月上中旬~8月初，将子苗从草莓母株上切下，移植到穴盘内

扦插到32孔穴盘内，可每孔都扦插

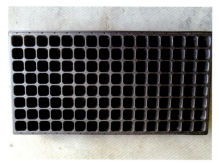

用72孔以上穴盘扦插时，注意隔孔扦插，为子苗生长留出空间

图 6-99 扦插穴盘的类型

图 6-100　扦插圃可选在日光温室后墙北侧

扦插育苗的优势是避免子苗长势过旺，在育苗棚内郁闭，易产生病害。扦插可增强植株光合效率、增加根茎中的贮藏养分，还可得到健壮一致的植株。因此，扦插育苗是培育壮苗、提早花芽分化、增加产量的一项有效措施。

当子苗长到两叶一芯时，将子苗剪下，根据大小分级，用育苗卡固定扦插。扦插完用喷壶浇足水，用 25% 阿米西达 1500 倍液喷施，进行植保防治。扦插第二天用喷壶喷水 2 次。生根后用噁霉灵灌根。等新叶展开后喷施 0.1% 磷酸二氢钾。当小苗长到第二片新叶时，用 20-20-20+TE 的 0.1% 水溶肥进行根施。

将具有 2~3 片展开叶的幼苗假植在营养钵内，育成具有 5~6 片展开叶、新茎粗 1.2 厘米以上的壮苗。此方法中滴灌带的滴孔间距设置要与营养钵间距一致，保证母株水分充足，如果滴孔间距与营养钵间距不一致，则草莓母株获得的水分不会均匀一致，不利于管理，容易缺水。

扦插后，尽量在低温或阴雨天移栽，移栽后喷水。扦插圃应选择离生产温室近的地块，不宜多施肥，尤其应控制氮肥的施用。

第七章 病虫害防治

第一节 侵染性病害

一、青枯病

草莓青枯病多发于夏季高温时的育苗田及定植初期,具体症状描述见图7-1、图7-2。

【防治方法】①轮作。②加强肥水管理。③化学药剂防治,可选用72%农用硫酸链霉素可溶性粉剂3000倍液喷施。

图7-1 叶色不变、叶片失水萎蔫呈烫伤状,叶柄呈紫红色、下垂。随危害程度增加,萎蔫时间从中午向早晚延长

图7-2 危害严重时植物萎蔫死亡。病株根茎部横切,导管变褐,湿度高时可挤出乳白色菌液

二、草莓病毒病

草莓病毒病危害范围广,经常多种病毒联合侵染,北方地区以草莓皱缩病毒病和草莓轻型黄边病毒病为主,联合危害严重。草莓皱缩病毒病具体症状描述见图7-3~图7-6。

【防治方法】①栽培无病毒草莓种苗。②控制蚜虫、线虫的种群数量,降低病毒病的发生概率。③及时通风透光,进行合理的水分管理,改善田间环境。④化学药剂防治,可选用8%宁南霉素水剂900~1400倍液喷雾。

图 7-3 叶脉褪绿，叶片产生不规则的褪绿斑

图 7-4 叶片扭曲、皱缩、畸形

图 7-5 叶片变小、黄化，叶柄变短，植株整体矮化

图 7-6 果实变小，品质下降

三、炭疽病

炭疽病是影响草莓育苗的重要病害，主要危害叶片、叶柄、匍匐茎、花器及果实，育苗阶段主要危害叶片及匍匐茎。其发病症状可分为局部病斑型和整株萎蔫型2种，具体症状描述见图7-7~图7-15。

【防治方法】①选用抗病品种。②土壤消毒。③合理密植。④有效避雨能切断病害传播途径。⑤化学药剂防治，可选用40%多·福·溴菌腈可湿性粉剂400~600倍液，或25%嘧菌酯1500倍液+75%百菌清800倍液，或25%吡唑醚菌酯乳油1500倍液+有机硅3000倍液喷雾。

图 7-7 叶片产生紫色斑点

图 7-8 紫色病斑扩大、增多

图 7-9 病部变褐干枯、病斑连成片

图 7-10 叶片干枯死亡

图 7-11 叶柄产生红色病斑

图 7-12 叶柄上的病斑呈黑色纺锤形或椭圆形溃疡状,并向下凹陷,严重时病斑扩大呈环形圈,病斑以上部分萎蔫枯死

图 7-13 匍匐茎产生黑色纺锤形溃疡状病斑

图 7-14 匍匐茎整体呈紫红色,严重时干枯死亡

图 7-15 携带炭疽病的种苗定植后发病

四、灰霉病

灰霉病是草莓栽培过程中的重要病害,一般发生在生殖生长阶段,对花器及果实的危害较大,常造成花器及果实腐烂,对草莓产量及品质影响巨大。灰霉病主要危害叶片、花器、果实,也可侵染叶柄、果柄,具体症状描述见图 7-16~ 图 7-32。

【防治方法】①选择抗病品种。②土壤消毒。③合理施肥,提高草莓抗性。④化学药剂防治,可选用 50% 啶酰菌胺水分散粒剂 1300~2000 倍液,或 25% 嘧霉胺悬浮剂 900~1200 倍液喷雾。

图 7-16 老叶形成 V 字形黄褐色病斑

图 7-17 病斑扩大,病部变褐干枯

图 7-18　严重时叶片焦枯死亡

图 7-19　花柄或果柄变红

图 7-20　花托弯曲，萼片基部产生红色斑块

图 7-21　整个萼片基部变红

图 7-22　萼片变褐干枯，基部产生
灰色霉状物

图 7-23　整个花托变褐干枯，产生
明显灰色霉层

图 7-24　缺钙引起花蕾变褐，在高湿环境下
易引发灰霉病

图 7-25　花器变褐干枯

图 7-26　病原菌从果柄侵染到果面

图 7-27　幼果变褐干枯,形成僵果

图 7-28　成熟果实呈水渍状腐烂

图 7-29　果实被大面积侵染,产生灰霉层

(注:右上图标注"果实呈水渍状腐烂")

图 7-30　果实表面产生浓密的灰霉层,失去商品价值

图 7-31　叶柄变红,基部产生灰色霉层

图 7-32　芽枯后产生灰霉层

五、白粉病

白粉病是草莓栽培过程中的常见病害之一，在整个生长季均可发生且危害严重，因此白粉病的防治必须放在十分重要的位置。白粉病主要危害叶片、叶柄、花器、果实、果柄，具体症状描述见图 7-33~图 7-51。

【防治方法】①合理肥水管理。②加强田间管理。③针对白粉病病原菌的需温特点，可采用高温闷棚杀菌。④微生物杀菌剂可选用枯草芽孢杆菌 800~1500 倍液喷施。⑤化学药剂防治，可选用 30% 醚菌酯·啶酰菌胺悬浮剂 1000~2000 倍液，或寡雄腐霉可湿性粉剂（100万个孢子/克）7000~8000 倍液叶面喷施。⑥硫黄熏蒸（图 7-52）。⑦可选用 45% 百菌清烟剂，每亩使用 8~10 枚。⑧可选用钙镁硫粉剂叶面喷施（图 7-53~图 7-55），其作用原理为：改变真菌表面渗透压，诱导细胞表面酶功能紊乱，破坏细胞完整性，从而防治真菌侵染。预防计量为 0.5~0.8 千克/亩，7~10 天施用 1 次；防治计量为 1.2~1.6 千克/亩，防治前期 2~3 天施用 1 次，防治后期 5~7 天施用 1 次。

图 7-33　叶片背面产生白色丝状菌丝

图 7-34　叶片向上卷曲呈汤匙状，形成蜡质层

图 7-35　受害叶片正面略变为红色

图 7-36　叶片正面出现白色粉状物

图 7-37　叶片背面形成白粉层

图 7-38　叶片覆盖有白粉层，褪绿、黄化，丧失功能

图 7-39　花瓣呈粉红色或花蕾不能开放

图 7-40　高湿条件下白粉病未治愈引起花粉败育

图 7-41　幼果果面受侵染，产生白色粉状物

图 7-42　果面变红，产生白色粉状物

图 7-43　幼果不能正常膨大，变褐、干枯，形成僵果，果实表面覆盖有白色霉层

图 7-44　果实转色期受侵染

图 7-45　成熟果实表面产生白色粉状物

图 7-46　侵染面积扩大

图 7-47　果实表面产生白粉层，失去商品价值

图 7-48　果实全部被白粉层覆盖

图 7-49　果实变色、形成僵果，有浓密白粉层

图 7-50　花柄受侵染产生白色粉状物

图 7-51　白粉病大规模发生

图 7-52　花期发病时，为避免药剂对花芽分化的影响，可以选择硫黄熏蒸

图 7-53 果实表面附着大量白色粉剂

图 7-54 病原菌菌丝失水、变软

图 7-55 部分病原菌菌丝干枯、脱落

六、红中柱根腐病

红中柱根腐病可分为急性萎蔫型和慢性萎蔫型 2 种，其致病微生物较多，一旦发生，危害严重，且治疗效果一般不是很理想，因此最好以预防为主，综合治理。具体症状描述见图 7-56~图 7-71。

【防治方法】①选择抗病性强的品种。②定植后加强水分管理。③化学药剂防治，可选用 25% 阿米西达 3000 倍液、70% 代森锰锌 500 倍液交替喷施，或选用噁霉灵 1200~1500 倍液灌根。危害严重时，可选用 50% 甲霜灵可湿性粉剂 1000~1500 倍液喷施或 58% 甲霜灵锰锌灌根。注意对于红中柱根腐病危害严重的植株可立即拔除，之后用 30% 杀毒矾 500 倍液消毒病穴，避免被得病植株及病土二次侵染。

图 7-56　新叶叶缘微卷，叶尖萎蔫

图 7-57　叶色加深，呈深绿色

图 7-58　新叶变褐、干枯，严重时死亡

图 7-59　老叶褪绿、黄化

图 7-60　叶片失水、干枯，表面变红

图 7-61　发生红中柱根腐病的草莓

图 7-62　受侵染根系从根尖开始向上腐烂

图 7-63　新茎韧皮部产生红褐色或黑褐色小斑点

图 7-64　韧皮部及维管束大部分被侵染，病部呈红褐色

图 7-65　新茎全部被侵染

图 7-66　新茎变褐、干枯

图 7-67　草莓新茎切面，病部呈红褐色

图 7-68　植株开始萎蔫

图 7-69　萎蔫时间从中午向早晚拉长

图 7-70　植株萎蔫后不再恢复，叶片变褐、干枯

图 7-71　植株死亡

七、芽枯病

芽枯病是草莓栽培过程中普遍发生的土壤真菌病害之一,主要危害新芽、花蕾、新生叶,具体症状描述见图7-72~图7-75。

【防治方法】①土壤消毒。②合理密植及水分管理。③化学药剂防治,可选用10%多抗霉素可湿性粉剂500~1000倍液,或10%立枯灵水悬浮剂300倍液喷施。

图7-72 植株定植过深、埋芯是导致芽枯萎病的重要因素

图7-73 新叶边缘变褐、干枯

图7-74 新芽变褐、萎蔫

图7-75 新芽枯死

八、草莓根结线虫

草莓根结线虫危害范围广,一旦发生危害严重,具体症状描述见图7-76~图7-78。

【防治方法】①合理轮作。②选择无病种苗。③化学药剂防治,可选10%噻唑膦乳剂,每亩施1.5~2千克;或1.8%阿维菌素乳油,每亩施1千克。

图 7-76 叶片褪绿、黄化、呈失水状,植株矮小

图 7-77 根系为乱发似的须根团

图 7-78 根上形成褐色凸起的虫瘿

九、蛇眼病

蛇眼病又称叶斑病,主要危害草莓叶片,具体症状描述见图 7-79~图 7-81。

图 7-79 叶片产生病斑,其外围呈紫褐色,中央呈灰褐色

【防治方法】①土壤消毒。②合理轮作。③加强日常管理。④化学药剂防治,可选用75%百菌清可湿性粉剂500倍液,或70%甲基托布津1000~1500倍液喷施。

图7-80　病斑具有紫褐色轮纹,中央病部表面产生白色粉状霉层

图7-81　病斑增多

十、紫斑病

紫斑病又称叶枯病、焦斑病,主要危害草莓叶片,具体症状描述见图7-82~图7-85。

【防治方法】①选用抗性品种。②增施磷、钾肥,进行合理的水分管理。③化学药剂防治,可选用70%代森锰锌悬浮剂500倍液,或75%百菌清可湿性粉剂600倍液,或65%甲硫·乙霉威可湿性粉剂800倍液喷施。

图7-82　叶片产生紫褐色浸润状斑点,病斑周围有黄晕

图7-83　病部扩展成不规则紫褐色病斑,且病斑中央呈灰褐色

图 7-84　病斑中央灰褐色干枯

图 7-85　病斑增多且连成片

第二节　生理性病害

一、缺钙症

钙元素是草莓生长过程中重要的中微量元素，对种苗生长各个阶段均有不同程度的影响。缺钙症会危害草莓根系、叶片、芽、花器及果实，具体症状描述见图 7-86~ 图 7-99。

【防治方法】①增施腐殖质含量高的有机肥，加强土壤透气性。②在整地施肥过程中每亩加入过磷酸钙 20~40 千克。③均衡施肥，适当保持土壤含水量。④追施钙肥，可用 0.1~0.2% 硝酸钙或糖醇钙进行叶面喷施。

图 7-86　新叶顶端失水皱缩

图 7-87　皱缩病部变褐、干枯，叶片表面不平

图 7-88　新叶不能正常展开

图 7-89　叶片扭曲、畸形

图 7-90　老叶叶缘褪绿、黄化

图 7-91　叶尖失水皱缩

图 7-92　皱缩病部与正常叶片之间有明显浅绿色或黄色分界线

图 7-93　花瓣从尖端变褐

图 7-94　花瓣变褐、干枯

图 7-95　花萼失水、黄化

图 7-96　花萼尖端变褐，病部与正常萼片之间有明显分界线

图 7-97　幼果变褐，严重时干枯形成僵果

图 7-98　成熟果实缺钙颜色重，蜡质层少，偏软

图 7-99　缺钙整体危害

二、缺铁症

铁元素是草莓生长过程中必不可少的一种微量元素，属于不可再利用元素，即分配后就被固定，因此缺铁症首先表现在幼嫩的叶片上，具体症状描述见图 7-100~ 图 7-111。

【防治方法】①增施有机肥，改善土壤理化性质。②合理施肥，避免磷肥抑制铁元素吸收。③调节土壤酸碱度。④合理浇水，改善根系吸收环境。⑤加强中耕，提升铁元素吸收率。⑥追施铁肥可选用 0.2% 有机螯合铁或硫酸亚铁溶液。

图 7-100　新叶失绿

图 7-101　叶肉褪绿、黄化

图 7-102　叶片呈黄绿色斑驳状

图 7-103　仅叶脉为绿色

图 7-104　叶缘变褐、干枯

图 7-105　变褐、干枯从叶尖向下扩展，出现坏死斑

图 7-106　新长出的小叶白化

图 7-107　新叶叶缘变褐、干枯

图 7-108 病部扩大,严重时叶片死亡

图 7-109 缺铁初期整体危害

图 7-110 缺铁后期整体危害

图 7-111 低温导致缺铁

三、缺硼症

硼作为一种重要的微量元素在草莓生长过程中作用显著。缺硼会危害草莓叶片、花器及果实,由于硼元素是不可再利用元素,缺素首先表现在新叶上,具体症状描述见图 7-112~图 7-118。

【防治方法】①增施有机肥;改善土壤营养状况。②适时浇水,提高土壤可溶性硼的含量。③追施硼肥可选 0.1~0.2% 硼砂溶液。为提升硼的吸收率,可适当增施 0.1% 尿素溶液。

图 7-112 新叶叶缘黄化,生长点受损、皱缩

图 7-113　叶片表面皱缩不平

图 7-114　老叶叶脉褪绿、黄化

图 7-115　叶片扭曲，不能正常伸展

图 7-116　花小、品质下降，授粉、结实率低

图 7-117　硼中毒：叶缘卷曲，叶片呈深绿色，病部变黄或变白

图 7-118　老叶危害严重，叶片相对透性增大

四、缺镁症

镁元素也是草莓生长发育所必需的中微量元素之一。镁是可移

动元素,缺镁时症状首先表现在老叶上,具体症状描述见图 7-119、图 7-120。

【防治方法】①平衡施肥,防止氮、钾肥施用过量,抑制镁元素的吸收。②调试土壤酸碱度,改良土壤。③追施镁肥可选用 1%~2% 硫酸镁或螯合镁溶液。

图 7-119　叶片僵化,向上卷翘

图 7-120　老叶叶缘黄化、叶脉褪绿,出现暗褐色斑点

五、缺钾症

钾是草莓生长过程中一种重要的大量元素,缺钾能危害叶片及果实,具体症状描述见图 7-121~ 图 7-125。

【防治方法】①增施有机肥,生长期每亩追施硫酸钾 7.5 千克左右。②叶面追施钾肥,可选用 0.1~0.2% 磷酸二氢钾溶液。

图 7-121　叶片褪绿,老叶叶缘呈红紫色

图 7-122　叶片斑驳失绿

图 7-123　叶肉呈紫褐色

图 7-124　叶缘失水、呈深褐色

图 7-125　叶片卷曲、皱缩，干枯坏死

六、低温冻伤

季节交替、气温骤降易引起草莓低温障碍，严重时能导致冻伤。低温能影响整个植株，温度低于 –8℃时，叶片大量冻死；低于 –10℃时，植株死亡；低于 –2℃时，花器发生冻害；低于 –8℃时，果实及根系发生冻害。低温冻伤具体症状描述见图 7-126~ 图 7-137。

【防治方法】①选择耐寒、抗低温品种。②加强肥水管理。③合理保温排湿。④喷施抗寒剂。

图 7-126　新叶变小、呈深绿色，叶柄缩短

图 7-127　低温导致根系活力下降，新叶失水、打卷

图 7-128　老叶呈深绿色

图 7-129　叶片表面皱缩，很难展平

图 7-130　叶片边缘呈紫红色

图 7-131　叶片呈紫红色，叶缘变褐、干枯

图 7-132　低温初期，花瓣开始变色

图 7-133　低温导致花青素增加，使花瓣变粉

图 7-134　花序抽生短

图 7-135　影响花芽分化，形成畸形果

图7-136 扇形畸形果

图7-137 植株整体长势矮小

七、药害

由于操作不当、药剂混用等多种因素,在草莓栽培过程中经常出现药害,具体症状描述见图7-138~图7-153。

【防治方法】①单一用药。②按照标注施用。③使用合格施药器材。④注意施药时间,避免中午喷药,以免产生药害。

图7-138 叶片褪绿,产生不规则黄色或褐色斑点

图7-139 新叶皱缩,很难正常展开

图7-140 叶片表面产生少量的褐色灼伤斑点

图 7-141　灼伤斑增多，面积增大

图 7-142　黑褐色灼伤斑覆盖整个叶面

图 7-143　叶片表面产生褐色、干枯的斑点

图 7-144　叶缘变褐、干枯

图 7-145　变褐干枯由叶缘向中心扩展，严重时叶片干枯死亡

图 7-146　紫红色斑点覆盖整个叶片，叶缘干枯

图 7-147　多效唑过量引起草莓叶色深绿

图 7-148　植株矮小

图 7-149　花序抽生短

图 7-150　匍匐茎分生子苗矮小、叶色深绿

图 7-151　赤霉素过量，抑制植株生长

图 7-152　新叶叶形钝圆，叶色加深

图 7-153　赤霉素过量整体危害

八、肥害

由于肥料浓度过高或施肥器材不合格等因素，在草莓栽培过程中经常出现肥害，具体症状描述见图 7-154~图 7-166。

【防治方法】①按照标注浓度施肥。②使用合格施肥器材。

图 7-154　叶片产生紫红色叶缘

图 7-155　紫红色叶缘向中心扩展

图 7-156　叶缘颜色加深

图 7-157　叶缘变褐、干枯

图 7-158　叶片干枯死亡

图 7-159　氮肥施用过多引起叶面变厚

图 7-160　叶色变深、呈深绿色，叶片产生灼伤斑

图 7-161　滴液引起的灼烧

图 7-162　施用未腐熟的有机肥，其释放的气体熏蒸叶片

图 7-163　腐殖酸类肥料施用过多，引起新叶深绿且长势矮小

图 7-164　氮肥施用过多引起的畸形果

图 7-165　氮肥施用过多产生的畸形果，俗称"绿尖果"

图 7-166　肥害整体危害

九、土壤次生盐渍化

在草莓多年连续种植过程中，由于肥料施用过量、灌溉系统不合理等因素，常导致土壤次生盐渍化，具体症状描述见图 7-167、图 7-168。

【防治方法】①轮作倒茬，休闲期生物除盐。②农闲灌水或揭膜淋伏雨，淋失盐分。③施用腐殖酸或土壤改良剂。④增施有机肥，测土配方施肥，改良土壤。⑤施用化学药剂除盐。

图 7-167 种植草莓的土壤已经返碱

图 7-168 土壤改良剂

十、缺水

在草莓栽培过程中,由于灌溉设施不合理、灌溉周期过长等因素,经常会导致草莓不同程度的缺水,具体症状描述见图 7-169~图 7-176。

【防治方法】①进行合理的水分管理。②增施有机肥,改良土壤结构。③农闲灌水,淋洗土壤。④合理轮作,生物除盐。

图 7-169 正常叶片向上微卷成碗状

图 7-170 轻度缺水时,叶片打卷

图 7-171 随着缺水程度增加,叶片打卷严重

图 7-172 叶片边缘能观察到白色茸毛

图 7-173　叶色加深，叶片表面能观察到明显的白色茸毛

图 7-174　叶片呈深绿色，表面能观察到白色茸毛层

图 7-175　叶片呈黑绿色

图 7-176　植株呈失水性萎蔫，严重时植株死亡

十一、高温日灼

高温日灼病是草莓受到高温伤害的一种现象，其实质是干旱失水和高温的综合危害，一般以叶片、匍匐茎、果实危害为主，具体症状描述见图 7-177~图 7-186。

【防治方法】①人工遮阴，防止日光直射。②以水降温，改善田间小气候。③根外追肥。④加强管理。

图 7-177　叶缘呈褐色、失水性干枯

图 7-178　叶片向上卷曲，植株呈失水性萎蔫

图 7-179　叶柄失绿、呈红色，灼伤部位呈黑褐色焦枯

图 7-180　匍匐茎失绿、呈红色，灼伤越重，红色越深

图 7-181　匍匐茎顶端呈褐色、失水萎蔫

图 7-182　灼伤部位呈黑褐色、环圆形焦枯

图 7-183　灼伤部位以上，植株干枯死亡

图 7-184　果实生长过快，种子提早成熟

图 7-185　种子成熟过度，降低果实品质

图 7-186　果实顶端畸形

十二、沤根

草莓定植后,由于水分管理不当,经常引起沤根,具体症状描述见图7-187~图7-189。

【防治方法】①进行合理的水分管理,调整浇水时间及用量。②正确使用遮阳网。③用碧护加噁霉灵灌根。

图7-187 草莓根系呈黑褐色,无白色次生新根

图7-188 植株长势弱、矮小

图7-189 叶色变深、呈深绿色

十三、畸形果

草莓畸形果主要病因是授粉、受精不良,或开花期肥、水及温度、湿度、光照条件不良所致,具体症状描述见图7-190~图7-203。

【防治方法】①合理施肥。②控制温湿度。③加强昆虫传粉。④合理用药。

图 7-190 雌蕊败育

图 7-191 雄蕊败育,无花粉

图 7-192 雌蕊发育不良

图 7-193 授粉、受精不良,易产生畸形果

图 7-194 多手畸形果

图 7-195 多头畸形果

图 7-196 扇形畸形果

图 7-197 鸡冠形果

图 7-198　平头畸形果

图 7-199　顶端受损畸形果

图 7-200　畸形果大量发生

图 7-201　失去商品价值

图 7-202　授粉不良导致的半畸形果

图 7-203　雄蕊不稔花器导致的畸形果

第三节　虫害

一、红白蜘蛛

红蜘蛛和白蜘蛛同属蛛形纲蛛形目叶螨科。红白蜘蛛是草莓栽培过程中常见的虫害，尤其是红蜘蛛。由于其对环境要求低，孵化数量大，扩散速度快，易大规模流行。红白蜘蛛主要危害叶片、花器及果实，具体症状描述见图 7-204~ 图 7-223。

【防治方法】①选择良种壮苗。②采取隔离措施，避免交叉感染。③加强田间管理。④利用捕食螨等天敌实行生物防治。⑤化学药剂防治，可选用 10% 阿维菌素水分散粒剂 8000~10000 倍液，或 43% 联苯肼酯悬浮液 2000~3000 倍液喷雾。

图 7-204　叶片背面出现红色小斑点

图 7-205　叶片背面出现白色小斑点（白蜘蛛）

图 7-206　叶片表面产生褪绿斑

图 7-207　叶片正面出现白色小斑点，且有白色丝状物

图 7-208　褪绿斑增多，叶片黄化

图 7-209　叶片背面褪绿、呈苍灰色，叶缘失水、干枯

图 7-210 叶片呈黄绿斑驳状,表面可见白色网状物

图 7-211 叶缘变褐干枯,有明显白色网层

图 7-212 叶片干枯死亡

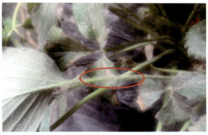

图 7-213 叶柄褪绿,有白色网状物

图 7-214 花器可见白色网状物

图 7-215 花萼褪绿、黄化

图 7-216 花萼变褐、干枯

图 7-217 花器干枯、死亡,表面有明显白色网层

图 7-218　幼果难以正常膨大，种子提早成熟

图 7-219　形成僵果

图 7-220　果实畸形

图 7-221　果实表层有白色网状物，失去商品价值

图 7-222　植株整体矮小，生长缓慢

图 7-223　常见生物防治药品

二、蚜虫

引起草莓危害的蚜虫种类繁多，以常见的桃蚜和棉蚜为主，其繁殖力强，能世代重叠，交替危害。蚜虫除了其自身危害以外，还是传播病毒病的主要媒介，能导致病毒扩散，造成严重危害。蚜虫主要危害叶片、叶柄、花器、匍匐茎等幼嫩的组织器官，具体症状描述见

图 7-224~ 图 7-237。

【防治方法】①加强田间管理,降低种群数量。②利用趋性,设置黄板、黑光灯等诱杀(图 7-238~ 图 7-240)。③利用七星瓢虫、食蚜蝇、寄生蜂等蚜虫天敌进行生物防治。④化学药剂防治,可选用50% 辟蚜雾 2500~3000 倍液,或 20% 杀灭菊酯乳剂 3000 倍液喷施。

图 7-224　蚜虫危害芯叶

图 7-225　蚜虫和粉虱联合危害,导致芯叶不能展开

图 7-226　叶片背面出现黄色小斑点

图 7-227　叶片表面产生褪绿斑

图 7-228　蚜虫多出现在叶片背面

图 7-229　蚜虫分泌的蜜露

图 7-230　蜜露污染叶片及叶柄

图 7-231　危害叶柄

图 7-232　危害花器

图 7-233　蚜虫多出现在花萼基部或花蕾中

图 7-234　花萼褪绿

图 7-235　危害匍匐茎顶端

图 7-236　蚜虫多出现在匍匐茎顶端叶基部

图 7-237 蜜露污染匍匐茎

图 7-238 利用杀虫灯诱杀

图 7-239 悬挂黄板

图 7-240 铺设银灰地膜

三、蓟马

蓟马是草莓栽培过程中常见的虫害，喜温暖、干旱的环境，生长最适温度为23~28℃，最适湿度为40%~70%。一般雌性成虫主要进行孤雌生殖，若温度适宜6~7天即可孵化。成虫能飞善跳，扩散速度快，防治困难。蓟马主要危害草莓叶片、花器及果实，具体症状描述见图7-241~图7-257。

【防治方法】：①加强田间管理。②利用蓟马趋性悬挂蓝板诱杀（图7-258）。③化学药剂防治，可选用60%乙基多杀悬浮液3000~6000倍液，或5%啶虫脒可湿性粉剂2500倍液喷雾。

图 7-241　叶片变薄、产生褪绿斑

图 7-242　褪绿斑增多

图 7-243　叶片卷曲，褪绿斑处叶片破损

图 7-244　叶片皱缩，很难展平

图 7-245　叶片背面褪绿，能观察到黄色小斑点

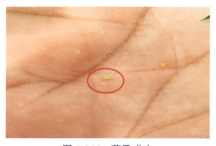

图 7-246　蓟马成虫

图 7-247　花瓣呈褐色水锈状

图 7-248　花器上能观察到蓟马成虫

图 7-249　褐色水锈增多，花器危害严重

图 7-250　花瓣边缘失水

图 7-251　花萼从基部褪绿、黄化

图 7-252　花萼从基部变褐、干枯

图 7-253　花器干枯死亡

图 7-254　果实表面粗糙，果尖呈水锈状

图 7-255　幼果不膨大，变褐，形成僵果

图 7-256　果实畸形率增加

图 7-257 成熟果实木栓化,丧失商品价值

图 7-258 利用蓟马趋性悬挂蓝板防治

四、斜纹夜蛾

斜纹夜蛾属鳞翅目夜蛾科斜纹夜蛾属,其幼虫共6龄,4龄后进入暴食期,猖獗时可吃尽大面积寄主植物的叶片。斜纹夜蛾幼虫可危害草莓叶片、花器及果实,具体症状描述见图7-259~图7-263。

【防治方法】①利用趋光性,用黑光灯诱杀。②利用趋化性,用糖醋液诱杀。③可用小茧蜂、广大腿蜂等天敌防治。④化学药剂防治,可选用50%氰戊菊酯乳油4000~6000倍液,或20%马·氰或菊马乳油2000~3000倍液喷施。

图 7-259 低龄幼虫啃食叶肉,叶片表面留下一层透明表皮

图 7-260 高龄幼虫啃食叶片,使叶片表面有明显孔洞

图 7-261　叶片背面受害症状

图 7-262　正在啃食的幼虫　　　　图 7-263　叶片丧失功能

五、蜗牛

蜗牛属软体动物门腹足纲肺螺亚纲蜗牛科，主要危害草莓叶片及果实，具体症状描述见图 7-264~ 图 7-266。

【防治方法】①清洁园区。②5~6 月蜗牛繁殖高峰期之前，及时消灭成蜗。③化学药剂防治，可选用 1.6% 四聚乙醛喷雾，每亩 10 千克；或 15% 四氯化碳粉剂，每亩 50 千克。

图 7-264　危害叶片，在叶片表面形成孔洞或缺刻

图 7-265　危害果实　　　　图 7-266　果实表面形成凹坑状

六、蛞蝓

蛞蝓是腹足纲柄眼目蛞蝓科动物的统称，主要危害草莓叶片及果实，具体症状描述见图 7-267、图 7-268。

【防治方法】①清洁园区。②水旱轮作。③破土晒田。④撒施食盐、生石灰等导致其失水死亡。⑤化学药剂防治，可选用 6% 四聚乙醛颗粒剂撒施，或用 20% 松脂酸钠可湿性粉剂 70~150 倍液喷施。

图 7-267　危害叶片，在叶片表面形成孔洞或缺刻　　　　图 7-268　危害果实，果实表面形成凹坑状

七、菜青虫

菜青虫也叫菜粉蝶，别名菜白蝶、白蝴蝶，其幼虫通称青虫，是北方草莓上的重要害虫。近年来，菜青虫发生危害严重，主要是通过咬食叶片危害草莓，具体症状描述见图 7-269~ 图 7-272。

【防治方法】①清洁园区、清除病残叶。②可用频振式杀虫、黑光灯或菜青虫性诱剂进行诱杀。③田间撒施生石灰或草木灰烧杀灭虫。④可用广赤眼蜂、微红绒茧蜂等天敌防治。⑤化学药剂防治，可选用20%氰戊菊酯1500倍液+5.7%甲维盐2000倍液，或5%甲维盐·氯氰微乳剂1000~1500倍液喷施。

图7-269 叶片有孔洞

图7-270 孔洞增多

图7-271 严重时叶片只留下叶脉和叶柄

图7-272 菜青虫

八、金针虫

金针虫是叩头虫科幼虫的通称，是一类极为重要的地下害虫，多以植物地下部分为食，主要危害草莓根系、芯叶及果实，具体症状描述见图7-273~图7-276。

【防治方法】①危害盛期可灌水，迫使害虫向深土层下移，从而抑制危害。②与水稻或水生蔬菜轮作。③化学药剂防治，可选用50%辛硫磷乳油，每亩200~250克；或用10%高效氯氟氰菊酯1000倍液灌根后覆土。

图 7-273 金针虫危害果实

图 7-274 在果实上蛀洞

图 7-275 蛀洞外口圆或不规则，蛀洞小而深，贯穿整个果实

图 7-276 果实丧失商品价值

九、粉虱

粉虱属半翅目粉虱科，又名小白蛾子，是一种世界性害虫。其成虫不善飞，有趋黄性、趋嫩性，喜群集在叶背面，主要危害草莓嫩叶，具体症状描述见图 7-277~ 图 7-282。

【防治方法】①轮作倒茬。②利用趋性设置黄板诱杀。③可用丽蚜小蜂天敌防治。④化学药剂防治，可选用 10% 茚虫威 400~600 倍液，或 10% 噻嗪酮乳油 1000 倍液喷施。

图 7-277 粉虱群集在叶片背面

图 7-278 蜜露污染叶片正面

图 7-279　蜜露污染叶片背面

图 7-280　蜜露污染叶柄

图 7-281　蜜露污染花器及花萼

图 7-282　蜜露污染花柄

第四节　草害

草害是草莓生长的一大灾害，杂草争水、争肥、争光、争地，造成草莓产量和品质下降。杂草是周而复始反复生长的，特别是雨后杂草生长旺盛，严重影响草莓种苗繁育。主要有马唐、稗草、牛筋草和狗尾草等单子叶杂草，以及葎草、藜、反枝苋等双子叶杂草，其中单子叶杂草危害最严重，常见杂草及草害的危害见图 7-283~图 7-287。

【防治方法】①人工除草（图 7-288）。②覆膜除草。③化学除草。

图 7-283　常见杂草：马唐

图 7-284　常见杂草：葎草

图 7-285　草莓发生草害

图 7-286　草害严重，限制了草莓的生长

图 7-287　草莓育苗时期发生草害

图 7-288　人工除草

第五节　绿色防控

一、绿色防控概念

绿色防控是指从农田生态系统整体出发，以农业防治为基础，积极保护、利用自然天敌，恶化病虫的生存条件，提高农作物抗虫能

力，在必要时合理的使用化学农药，将病虫危害损失降到最低。它是持续控制病虫灾害、保障农业生产安全的重要手段。

二、草莓栽培过程中的绿色防控

1. 田园清洁（图 7-289、图 7-290）

图 7-289　田园除草，预防病虫害

图 7-290　田园覆地膜

2. 无病虫育苗配套技术

无病虫育苗配套技术主要包括：①选用抗病虫品种（图 7-291、图 7-292）。②种苗处理（图 7-293~图 7-296）。③两网覆盖（图 7-297、图 7-298）。④无病土育苗（图 7-299、图 7-300）。

3. 产前预防配套技术

产前预防配套技术主要包括合理轮作、土壤消毒及棚室表面消毒。

图 7-291　欧系品种：甜查理

图 7-292　欧系品种：阿尔比

图 7-293 种苗分类

图 7-294 种苗修剪

图 7-295 种苗冲洗

图 7-296 种苗消毒

图 7-297 两网覆盖：防虫网

图 7-298 两网覆盖：遮阳网

图 7-299 无病土育苗：棚室消毒

图 7-300 无病土育苗：色板监测诱杀

1）合理轮作。轮作设计的原则为吸收营养不同、互不传染病害；能改进土壤结构；考虑轮作作物对土壤酸碱度的要求及对杂草的抑制作用（图 7-301）。

2）土壤消毒。常用的方法有石灰氮太阳能消毒、化学药剂消毒、生物药剂消毒、臭氧处理、高温法、低温冷冻等方法（图 7-302、图 7-303）。

3）棚室表面消毒。常用的方法有药剂喷雾法（图 7-304）、烟雾法及臭氧消毒法。消毒最佳时期：①草莓拉秧并清除病残体后，土壤未深耕前。②开始育苗之前。③开始定植之前。

图 7-301　草莓与玉米轮作

图 7-302　石灰氮太阳能消毒　　　　图 7-303　臭氧处理

图 7-304　药剂喷雾法进行棚室表面消毒

4. 产中科学防控

1）农业防治（图 7-305、图 7-306）。

图 7-305　农业防治：节水灌溉

图 7-306　清除病残体

2）生态调控（图 7-307、图 7-308）。

图 7-307　生态调控：温室娃娃

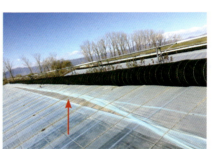

图 7-308　调节风口

3）防虫网。将防虫网安放在棚室入口及通风口处，主要防治鞘翅目、鳞翅目和同翅目的中小型害虫；温室栽培草莓使用防虫网的规格以 40~50 目（孔径为 270~425 微米）即可（图 7-309）。

4）遮阳设施。常见的遮阳设施有遮阳网、遮阳降温涂料及泥浆、腻子粉等。温室草莓栽培采用遮阳网的遮光率为 20%~75%（图 7-310）。

5）硫黄熏蒸预防病害技术。一般以预防草莓白粉病为主。每亩设置 8~10 个熏蒸罐即可，每周熏蒸 1~2 次。硫黄熏蒸能降低温室湿度，起到预防与治疗的双重作用（图 7-311）。

图 7-309 防虫网

图 7-310 遮阳设施：外遮阳网

6）色板诱杀技术。色板一般分为黄板、蓝板、白板及信息素色板等，其靶标害虫主要为蚜虫、粉虱、潜叶蝇、蓟马等。放置密度为1个标准温室10~15块，放置高度为生长点上方5~10厘米处（图7-312）。

图 7-311 硫黄熏蒸预防病害技术

图 7-312 色板诱杀技术：黄板

7）功能膜防控病虫技术。是指使用具有不同功能、不同颜色的专用膜，以及高透光膜、遮光膜、防尘膜、除虫膜、紫外线阻断膜、除草膜等农膜的防治虫害的技术（图7-313）。

8）天敌防治害虫技术。为确保防治效果，天敌防治方法应在虫害发生初期使用，同时在释放天敌前应尽量压低害虫的数量，而在使用天敌期间严禁使用化学农药，以免杀伤天敌（图7-314）。

9）蜜蜂授粉技术。蜜蜂授粉技术的合理使用能降低灰霉病的发生、减少化学农药使用、增加产量、提高品质、节约劳动力（图7-315）。

图 7-313　功能膜防控病虫技术：银灰地膜

图 7-314　天敌防治害虫技术：捕食螨

图 7-315　蜜蜂授粉技术

10）化学农药科学使用。其使用原则是：①根据病虫对症选药，高效、低毒、低残留药剂优先。②根据农药剂型选择最适宜的施药方法。③适期用药，根据病虫草害发生特点，在最佳时期适时施药。④交替轮换用药，避免产生抗药性。⑤严禁使用剧毒、高毒、高残留农药。⑥严格按照农药说明书规定浓度配药且配药工具需准确无误。⑦严格按照国家规定的农药安全使用间隔期施药。

11）精准配药技术。

12）高效施药，采用新型药械。其优势是：①可以节水、节药、节省人力。②其雾化水平高，均匀度高，能提高农药利用效率。③不受剂型限制，不损失药剂有效成分。④无须进棚作业，效率高，对施药者无污染药且配药工具需准确无误（图 7-316）。

5. 产后残体无害化处理技术

一般病残体无害化处理方法有菌肥发酵堆沤、太阳能高温堆沤、太阳能臭氧无害处理、臭氧无害就地处理等。

图 7-316　不同的施药器械

08

第八章
灾害性天气管理

在草莓日光温室促成栽培模式下，北方地区一般情况下于8月左右陆续开始定植，直至第二年6月左右完成拉秧。在此期间会遇到连阴天、低温、雾霾天、雪天等各种灾害性天气，此时温室内温度偏低，湿度相对较高，光照不足，造成光合作用下降，出现植株生长不良、畸形花畸形果增多、休眠早衰等各种现象。灾害性天气条件下，要及时采取相应的管理措施，否则草莓生产将遭受严重损失。

第一节　连续阴霾天气管理

草莓日光温室促成栽培中，11月~第二年2月是草莓开花和第一茬果生长的关键阶段，但是这段时间也极容易出现连阴天、雾霾天。该种天气条件下，气温、地温都较低，光照不足，同时湿度较大，一般空气湿度可达95%以上，温室内温度难以上升，白天最高温度也仅在10℃左右。这样的环境条件会导致草莓生长缓慢、植株萎蔫、花粉活力降低、果实着色不均、病虫害容易暴发、产量下降等一系列现象，严重影响温室草莓的品质、产量和经济效益。连阴天、雾霾天对草莓的影响，具体症状描述见图8-1~图8-4。

在连续阴霾天，可以通过从以下几方面采取管理措施，减少不利天气条件对温室草莓的影响。

图8-1　持续低温导致叶片失绿，呈失水状

图8-2　连续阴霾天导致授粉不良

图 8-3　叶片下垂

图 8-4　低温导致水培草莓长势缓慢

一、温度和湿度管理

雾霾天温度较低，可通过在棚内扣小拱棚、夜间放下保温被来进行保温。另外，可通过铺设地膜提高地温、降低棚内空气湿度。雾霾天温室内水气增加，白天应打开风口，保证温室通风良好，避免因捂棚造成棚内空气湿度过大，发生病害。靠调节风口大小来控制棚内温度，温度低也要适当通风，不要闭棚，通风不畅时白粉病易发生。

二、光照管理

雾霾天大棚内的光照不及晴天的 1/5，所以要保持棚膜清洁，防止膜面附着水滴和尘物，充分保持棚膜的透光性（图 8-5）；可在草莓棚后墙处悬挂反光膜，能明显增强棚室北侧的光照，增强植物的光合作用。在棚内可悬挂补光灯（图 8-6），使草莓有充足的光照进行光合作用。通过适当摘除老叶等综合农业措施，改善植株间的光照条件。

图 8-5 棚膜需及时清洁，增加透光性

图 8-6 悬挂补光灯，增加光照

三、水肥管理

每 3~5 天浇 1 次水，保持土壤见干见湿；减少氮肥的施用，适量增施磷、钾肥及生物肥、腐熟有机肥等，以利于提高草莓的抗寒性。可叶面喷施 0.1% 磷酸二氢钾，为草莓补充养分，增加叶片的光合作用。也可施用氨基酸水溶肥 1000~1500 倍液，增加植物抗病性，使植株生长健壮。

四、植保管理

由于温室内湿度大，灰霉病、白粉病容易发生，如不及时采取措施，会严重影响草莓生产。若使用喷雾器打药，容易造成棚室内空气湿度更大，因此防治白粉病和灰霉病可采用烟剂和硫黄熏蒸，既能防治病害，又可降低棚内空气湿度。

第二节 极寒天气管理

极寒天气条件下，气温和地温很低，如遇到连续的剧烈降温，草莓温室内温度更低（最低出现 -2℃），对草莓生长造成严重的影响。气温过低会导致地温过低，影响根系对养分、水分的吸收，从而影响草莓根系的生长，导致植株生长不良、叶片变黄、抗逆性下降，引起植株休眠、授粉授精能力下降、畸形果增多、品质下降等，具体危害症状见图 8-7~图 8-10。其他极寒天气危害症状见图 8-11、图 8-12。

图 8-7　极寒天气下叶片状态

图 8-8　叶片失水

图 8-9　受冻的花瓣呈粉色

图 8-10　低温导致植株受害

图 8-11　冰雹危害

图 8-12　冰雹过后的草莓

极寒天气条件下要维持草莓正常生长，温室保温必须跟上。首先，要保持墙体干燥，设施密封性密封要严实，通风口和门窗要关严；其次，保证保温被质量及覆盖时间，在极端寒冷天气，要适当早盖晚揭，"三九、四九"时保温被不要一次性升到顶部。最后，可利用增温设施来增加温室内的温度。具体保温措施见图 8-13~图 8-28。

图 8-13　封闭后墙窗户

图 8-14　后窗采用双层玻璃

图 8-15　预留温室后墙卡槽，增加覆盖物

图 8-16　在温室进门处设置挡风障

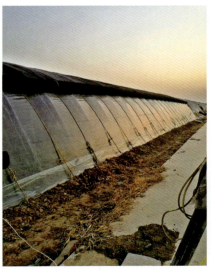
图 8-17　"三九、四九"时保温被不要一次性升到顶部

图 8-18　加热营养液

图 8-19　低温时用太阳能加热后灌溉

图 8-20　增温设备——热风机

图 8-21　增温设备——片状暖气

图 8-22　增温设备——管状暖气

图 8-23　增温设备——加热锅炉

图 8-24　增温设备——水温调节器

图 8-25　增温设备——电取暖设备主体

图 8-26　增温设备——地温热气出风口

图 8-27　增温设备——增温块

图 8-28　增温设备——空气泵

第三节　雪天管理

雪天由于无直射光照射，温室内温度都偏低，尤其是阴雪过程持续越长、气温越低。对一般草莓品种来说，当地温处于 10℃ 以下时，根系的生长和吸收基本停止，而且老根的吸收功能急速衰退，新根又难以发生。阴雪天持续时间越长其危害越大（图 8-29~ 图 8-32），所以雪天应及时清除积雪，并采取相应的措施。

图 8-29 雪天

图 8-30 积雪损坏拱棚

图 8-31 积雪损坏棚膜

图 8-32 积雪损坏温室骨架

一、小雪天管理

如果在初冬、早春出现小雪天气,由于外界温度不是很低,雪量不大,容易边降雪边融化,造成保温被湿透,不仅影响保温效果,而且由于保温被吸水过重,卷放起来也变得困难,容易压垮棚架。因此,应及时关注天气预报,在降雪前及时升起保温被(图8-33)。雪量不大时,不能因为温度低而不通风,温室内湿度大容易发生病虫害。此时温室内温度较低,通风时间不能过长。在大雪来临前,可以提前1~2天,对草莓进行低温锻炼,防止大雪时温度过低而使草莓受害。

图 8-33 降雪前及时升起保温被

二、大雪天管理

大雪天，对于聚积在温室前沿和大棚四周高度在 1 米左右的积雪可以不除，因为这些积雪对棚体骨架不会造成压力，厚厚的雪层还可起到保温作用。大雪天气草莓管理要注意以下方面。

（1）**增加覆盖物**　在保温被上加盖一层塑料薄膜，不仅能提高大棚的保温防寒效果，又能保护保温被不被积雪破坏（图 8-34）。

图 8-34　在保温被上加盖一层塑料薄膜

（2）及时清理积雪　雪天要格外警惕，要随时清除棚面上的积雪，不但可以防止温室坍塌，还可以增加光照（图 8-35）。另外，对一些跨度大、骨架牢固性差的温室要及时增加立柱加固棚体，防止棚面因负载过大而坍塌。

图 8-35　雪后及时清理积雪

第八章　灾害性天气管理　313

（3）**安装临时保温设施**　当最低室温降至7℃以下，且每天持续8小时以上时就应进行加温补热。最为理想的是通过加温使温室内温度维持在10℃以上。

（4）**水肥管理**　浇水会造成棚内湿度过大、地温降低，产生沤根和烂根现象，应严格控制浇水量。

（5）**雪后注意逐渐揭盖保温被**　天气骤然转晴时不要立即揭开保温被，防止草莓叶片会因突然受强光照射而失水萎蔫，应逐步揭开或间隔揭开，使草莓慢慢适应强光照射（图8-36）。

（6）**雪后及时植保**　雪后晴天要及时开展病虫害防治工作，对于几天未浇水施肥的草莓，还可喷施叶面肥，以快速补充草莓所需营养，加喷碧护5000倍液以提高其抗性（图8-37）。

图8-36　雪后注意逐渐揭盖保温被

图8-37　雪后施用以提高草莓抗性

第九章 轮作和套作

轮作和套作是农业生产中常见的种植形式。草莓与其他作物之间合理的轮作、套作，可以充分利用种植空间，提高土地利用率，从而获得更高的经济效益。通过这种方式，丰富了田间的生物种群、优化了生态模式，有利于农业可持续发展，对于发展都市型现代农业具有积极的促进作用。

一、轮作

轮作是指同一土地上有计划地按顺序轮种不同类型作物的一种种植形式。轮作可均衡利用土壤中前一茬作物施用的各种肥料，避免土壤次生盐碱化，能免除和减少草莓连作障碍；合理轮作换茬还能促进土壤中对病原物有拮抗作用的微生物活动，抑制病原物滋生。

制订科学、合理的轮作计划，首先要考虑病原物的寄主范围，然后再考虑用哪些作物轮作，最后要考虑作物轮作的年限。基于这一原则，在进行不同类型草莓轮作的基础上，可每年安排一茬其他作物或绿肥进行轮作。在草莓栽培过程中，能与其轮作的作物种类较多，常见的如图 9-1~图 9-4 所示。

图 9-1　草莓与玉米轮作

图 9-2　草莓与油菜轮作

图 9-3　草莓与水稻轮作

图 9-4　草莓与小金瓜轮作

二、套作

套作是指在前季作物生育后期,在其株、行间播种或移栽后季作物的一种种植形式。在套作形式中,前一种作物利用后一种作物生长前期较大的空间进行生长,或后一种作物生长于前一种作物的后期,一种作物收获前立即栽种另一种作物,前后茬的衔接非常紧密。草莓既可以作为前茬作物,也可以作为后茬作物,与草莓套作的常见植物种类见图 9-5~图 9-24。

图 9-5　草莓套作葡萄

图 9-6　盆栽草莓套作马铃薯

图 9-7　草莓套作洋葱

图 9-8　草莓套作花卉

图 9-9　草莓套作食用菊花

图 9-10　草莓套作鲜食玉米

图 9-11 草莓套作香蕉

图 9-12 草莓套作豆角

图 9-13 草莓套作无花果

图 9-14 草莓套作西瓜

图 9-15 草莓套作木瓜

图 9-16 草莓栽培后期套作蘑菇

图 9-17 草莓棚前 1 米套作球茎茴香

图 9-18 草莓棚前 1 米套作小油菜

图 9-19　草莓棚前 1 米套作水果茎蓝

图 9-20　高架草莓套作茎蓝

图 9-21　草莓套作番茄

图 9-22　草莓套作苦苣

图 9-23　草莓套作栗蘑

图 9-24　草莓温室后墙管道套作生菜

附录 设施草莓栽培水肥管理制度

附表 1 设施草莓土壤栽培水肥管理制度

草莓生长时期	水溶肥养分含量 N:P$_2$O$_5$:K$_2$O	单次施肥量/（千克/亩）	肥液参考电导率/（毫西/厘米）	肥液参考 pH	施肥间隔	单次灌水量/（吨/亩）	灌水间隔	其他追肥	频率
苗期	20-20-20+TE	1.5	0.72	6.0~6.5	10~14 天	1.5	5~7 天		
花期	19-8-27+TE	3	1.2~1.6			1.5~2	6~7 天	叶面喷施 1‰~3‰磷酸二氢钾	7~10 天
结果前期	16-8-34+TE	4	1.6~2.2		10~12 天		5~7 天		
结果中后期	16-8-34+TE	3	1.3~1.6						

附表 2 设施草莓基质栽培水肥管理制度

草莓生长时期	水溶肥养分含量 N:P$_2$O$_5$:K$_2$O	单次施肥量/（千克/亩）	肥液参考电导率/（毫西/厘米）	肥液参考 pH	施肥间隔	单次灌水量/（吨/亩）	灌水间隔	其他
苗期	20-20-20+TE	1	1.2~1.5	6.0~6.5	8~10 天	0.8~1.0（大水），0.5~0.6（小水）	3~5 天	大小水交替，小水追肥，大水不追肥
花期	19-8-27+TE	1~1.2	1.2~1.7		6~10 天			
果期	16-8-34+TE		1.5~2.1					

参考文献

[1] 张云涛,王桂霞,董静,等.草莓优良品种甜查理及其栽培技术[J].中国果树,2006(1):22-24.
[2] 焦瑞莲.日光温室草莓无公害高产栽培技术[J].果农之友,2006(11):35.
[3] 童英富,郑永利.草莓主要病虫及其综合治理技术[J].安徽农学通报,2006(2):89-90.
[4] 朱淑梅.日光温室草莓无公害高产栽培技术[J].河北果树,2006(6):35.
[5] 张秀刚.草莓基础生理及其栽培[M].北京:中国林业出版社,1993.
[6] 辛贺明,张喜焕.草莓优良品种及无公害栽培技术[M].北京:中国农业出版社,2004.
[7] 陈贵林,李青云,张广华.大棚日光温室草莓栽培技术[M].北京:金盾出版社,2009.
[8] 张志宏,杜国栋,张馨宇.图说草莓棚室高效栽培关键技术[M].北京:金盾出版社,2006.
[9] 陈书乔,王玲,李金位.保护地草莓畸形果的成因及防治措施[J].河北农业,2015(6):47-48.
[10] 孙玉东,徐冉.草莓脱毒苗繁育技术规程[J].河北农业科学,2007(2):20,22.
[11] 唐梁楠,杨秀媛.草莓优质高产新技术[M].4版.北京:金盾出版社,2013.
[12] 万树青.生物农药及使用技术[M].北京:金盾出版社,2003.
[13] 辛贺明,张喜焕.草莓生产关键技术百问百答[M].北京:中国农业出版社,2005.
[14] 何水涛.优质高档草莓生产技术[M].郑州:中原农民出版社,2003.
[15] 中国园艺学会草莓分会,北京市农林科学院.草莓研究进展(Ⅴ)[M].北京:中国农业出版社,2017.
[16] 郝保春.草莓生产技术大全[M].北京:中国农业出版社,2000.
[17] 张伟,杨洪强.草莓标准化生产全面细解[M].北京:中国农业出版社,2010.